装配式建筑培训系列教材

装配式建筑混凝土预制构件生产与管理

张金树　王春长　主编

中国建筑工业出版社

图书在版编目（CIP）数据

装配式建筑混凝土预制构件生产与管理/张金树，王春长
主编. —北京：中国建筑工业出版社，2017.8
装配式建筑培训系列教材
ISBN 978-7-112-21050-3

Ⅰ.①装… Ⅱ.①张…②王… Ⅲ.①装配式混凝土结
构－预制结构－技术培训－教材 Ⅳ.①TU37

中国版本图书馆 CIP 数据核字(2017)第 182499 号

本书为装配式建筑培训系列教材之一。全书分为三篇，上篇为预制工厂建
设，包括固定式 PC 工厂建设、游牧式 PC 工厂两章；中篇为构件生产，包括准备
工作，构件生产工艺及流程，成品构件标识、存放、运输，构件运输具体案例四
章；下篇为生产管理，包括质量检查与验收、安全生产与管理、信息化管理、工
厂管理措施四章。可供工程管理者、技术人员、生产工人学习、参考。

责任编辑：周　觅　朱首明　李　明　李　阳
责任设计：李志立
责任校对：焦　乐　李美娜

装配式建筑培训系列教材
装配式建筑混凝土预制构件生产与管理
张金树　王春长　主编
*
中国建筑工业出版社出版、发行(北京海淀三里河路9号)
各地新华书店、建筑书店经销
北京建筑工业印刷厂制版
北京富生印刷厂印刷
*
开本：787×1092 毫米　1/16　印张：13½　字数：337 千字
2017 年 12 月第一版　2018 年 11 月第二次印刷
定价：39.00 元
ISBN 978-7-112-21050-3
(30690)

前　言

"山重水复疑无路，柳暗花明又一村"。

在当前国家引领的建筑产业化的大潮下，装配式混凝土（Precast Concrete，简称 PC）建筑的发展在经历了漫长的停滞期后，又风生水起，各地的 PC 构件预制工厂也雨后春笋般地迅猛发展。

PC 构件工厂是装配式混凝土建筑发展的龙头，PC 构件的生产是装配式混凝土建筑中重要的组成部分，二者是确保装配式混凝土建筑工程质量的前提与关键。如何又好又快地建设 PC 工厂，学习并掌握 PC 构件的生产与管理，是摆在建筑行业管理者面前的一项迫在眉睫的工作。

本书面向生产一线的工程管理者、技术人员、生产工人，旨在介绍和指导 PC 构件工厂的建设和 PC 构件的生产预制过程与管理工作。

全书共分上、中、下三篇，共计 10 章。

上篇为预制工厂篇，介绍 PC 工厂的选址、规划、建设，PC 生产线与钢筋生产线的选型与安装；PC 工厂中的试验仪器配备，常规及关键试验等。

中篇为构件生产篇，介绍构件生产前的深化设计、材料准备、模具准备、人员组织与培训等准备工作。着重叙述了 PC 构件生产的最主要的两种生产工艺：平模传送流水线法和固定模位法。列举一个案例，介绍成品构件的标识、存放与运输过程。

下篇为生产管理篇，介绍 PC 构件生产的质量检查与验收、安全生产与信息化管理、工厂管理生产制度等内容。

本书特点及作为建筑产业化的培训教材时，应注意以下几个方面：

1. 本书以 PC 构件的预制生产为主线，兼顾 PC 工厂的建设过程与生产管理，涵盖 PC 构件的生产与验收的整个过程。

2. 本书在详细介绍目前国内最常见的 PC 构件预制生产工艺的基础上，对 PC 构件柔性平模传送流水生产线与常规环形平模传送流水生产线进行了较为细致的比较。

大家应以发展的眼光，从加工制造业的角度来审视柔性流水生产线，视其为未来 PC 构件流水生产线发展的一个方向，在学习时可进行适当拓展延伸。

3. BIM 技术在装配式建筑的深化设计中，具有独特的技术优势和无法比拟的可视性、可靠性、先进性。BIM 技术能把过去无法实现的想象变为现实，很大程度上提高了装配式建筑设计的质量和效率。故本书用了较多的篇幅进行详细介绍。

本书中第 1 章由张茜（副主编）编写；第 2 章由陈杰（副主编）编写；第 3、4 章由张金树（主编）编写，并担任全书统稿、修改工作；第 5、10 章由王春长（主编）编写；第 6 章及工厂建设中的部分内容由王克福编写；第 7 章及本书中与试验有关的内容由汪丕明（副主编）编写；第 8 章，PC 构件深化设计与 BIM 技术应用部分由苏同、石玉仁编写。第 9 章，工厂管理与工人培训内容由史红军（副主编）编写。书中的钢筋生产线设备的选型安装、钢筋加工工艺部分由张东斌编写。

宋亦工、肖华锋、孟庆春、陈刚、李明参与了本书的修改及编排工作。

因时间仓促，水平有限，本教材会存在一些不妥之处，万望大家提出宝贵的修改意见，我们将会在以后的时间里加以整理并及时修订此书，以飨读者。

最后感谢中国重汽集团泰安五岳专用汽车有限公司、鞍山重型矿山机器股份有限公司、北京思达建茂科技发展有限公司、深圳市现代营造科技有限公司、宁波赛鑫磁性技术有限公司等单位热情提供部分相关图片资料。

目　　录

下篇 生产管理（质量验收、安全、信息化管理）

上篇　预制工厂建设

1　固定式 PC 工厂建设

1.1　厂址选择

1.1.1　选址原则

装配式混凝土建筑的预制混凝土（Precast Concrete，简称：PC）构件主要在预制工厂中完成制造生产。当前主流的混凝土构件的预制方式，主要是在远离建筑工地的固定式 PC 工厂内预制完成。然后通过 PC 构件运输车运输至施工现场进行装配施工。

选择在什么样的地方建厂，（也会影响）投资成本的大小，二者都将关系到能获得多少经济和社会效益，也是构件生产厂家前期准备工作中的重点。

1.1.2　具体要求

工厂选址的五大要求：合法、经济、安全、方便、合理。

1. 合法

不侵占、使用国家划定的永久基本农田，选择非永久基本农田、并且已办理合法出让手续，或手续齐备的工业用地。要取得建设用地规划许可证，并通过建设项目环境影响评价文件的审批许可。

2. 经济

首先，所选择的厂址，是否在可行性研究报告中所划定的 PC 构件有效经济供应半径以内。工厂与原材料供应地、产品销售地的距离是否超出有效经济供应半径。

同时，选择的地块要尽量平整。确保场地整平时填挖平衡，不产生大量的借土和弃土。在一般情况下，尽量不在软基和起伏过大的丘陵山区建厂，以减少在工厂建设过程中的软基处理和土石方开挖爆破的工程量，降低工程造价。

其次，地面以上的房屋等建筑、庄稼、树木等拆迁砍伐量，青苗补偿要在经济合理的承受范围以内。

3. 安全

工厂驻地的地理位置和环境，要满足相关法律法规规定的防洪、防雷要求。避开滑坡、泥石流等地质灾害地带，远离危险化学品、易燃易爆等危险源。

PC 工厂建成后也不得对周围环境和常驻人群的生活造成环境破坏和污染。

4. 方便、合理

首先，要考虑工厂附近和经济运距范围内是否有可靠的资源供应和能源供给。例如砂石料的供应，附近是否有电、水、天然气、通信的接入条件。

周围的交通能否满足方便各种原材和产品及时顺利地进出工厂的需求。

同时也要考虑工人日后生活的方便性。

其次，要关注工厂周围的民风民俗，能否与周围的居民和谐共处，也是以后 PC 工厂能否顺利生产的一个重要影响因素。

所以应多考察几个地块，在综合考虑以上因素，进行比对分析后，再从中选取一个优良厂址。禁忌随意、仓促选址。

1.2　工厂总体规划

1.2.1　总体规划依据

首先，根据 PC 工厂可行性研究报告、企业的经济技术状况、对 PC 工厂的预期，进行工厂的总体规划。

其次，还应考虑厂址所在地允许扩展的空间、PC 产品定位和产量需求、PC 构件生产线主要设备的性能参数等因素。应特别注意，PC 构件对存放场地的需求较大。

1.2.2　工厂规划原则

选址上，因地制宜，充分利用现有条件，做到交通便利、物流畅通。

技术上，生产线适用性强，设备性能稳定可靠、运转安全、操作维修方便。

经济上，建设成本可控，后期运行维护成本低，生产线可塑性强。

环境绿化与空间组合协调，努力改善工厂和工作环境，符合环保要求。

1.2.3　总体规划内容

PC 工厂按照可行性研究报告中的规划进行设计和布局，同时兼顾整个工厂内各生产项目的投资顺序和 PC 生产线日后提能扩产的要求。

PC 工厂整体由构件生产区、构件成品堆放区、办公区、生活区、相应配套设施等组成，如图 1.2-1 所示。

厂区规划中有 PC 生产厂房、办公研发楼、公寓餐饮楼、成品堆场、混凝土原材库、成品展示区、宿舍楼、试验室、锅炉房、钢筋及其他辅材库房、配电室等。

构件生产车间由 PC 构件生产线、钢筋加工生产线、混凝土拌合运输系统、高压锅炉蒸汽系统、桥式门吊系统、车间内 PC 构件临时堆放区、动力系统等组成。

1. 总体布置方案

公司根据土地情况及项目生产工艺需求以及企业未来发展要求，总图布置方案应满足：

1）功能分区明确，人流、物流便捷流畅。

2）生产工艺流程顺畅、简捷，为以后扩展提供方便。

3）绿化系数较高，厂区舒适、美观。

2. 生产车间

为快速建厂、快速投产，当前 PC 工厂一般采用大跨度单层钢结构厂房设计，如图 1.2-2 所示。

图 1.2-1　厂区鸟瞰图

车间设计为 2～4 跨不等，车间长度为 120～180m，单跨宽 24～27m。厂房层高不低于门吊最小起吊高度 8.5m 的要求。

地面硬化采用水泥混凝土，厚度不低于 200mm。基层采用三七灰土或水泥稳定碎石、水泥稳定砂砾。软弱地基采用换填处理。

车间内要根据 PC 生产线的设计，先施工各设备基础，预埋地脚螺栓。其中 PC 生产线中振动台、立体养护窑的基础，需考虑设备作业时的实际荷载，保证设备运行安全。与生产线配套水、电、暖、气的供应设施，要提前预留预埋，保证位置准确。

生产车间在设计时应综合考虑经济适用、布局合理及节能环保等多种因素，并满足以下几点要求：

生产设备要按工艺流程的顺序配置，在保证生产要求、安全及环境卫生的前提下，尽量节省厂房面积与空间，减少各种管道的长度；

保证车间尽可能充分利用自然采光与通风条件，使各个工作地点有良好的劳动条件；

保证车间内交通运输及管理方便。万一发生事故，人员能迅速安全地疏散；

厂房结构要紧凑简单，并预留一定空间为生产发展及技术革新等创造有利条件。

图 1.2-2　PC 工厂车间

1）车间总体规划

车间总图规划遵循原则：

注意改善操作条件，对劳动条件差的工段要充分考虑朝向、风向、门窗、排气、除尘及通风设施的安装位置。设备的操作面应迎着光线，使操作人员背光操作。

要统一安排车间所有操作平台、各种管路、地沟、地坑及巨大的或振动大的设备基础，避免同厂房基础发生关连。

合理安排厂房的出入口，每个车间出入口不应少于 2 个。为保证车辆通过性，宽度 4～5m 为宜，高度不小于 5m。

车间采用钢结构厂房，车间长度要以满足生产线布置为原则，单跨宽度不小于 24m，车间建筑高度 14～16m 为宜。车间内设办公及仓库用房和构件平板车运输轨道。

根据产品需求，车间不宜少于 3 跨，布置时可根据具体情况进行调整，如三明治外墙板生产线、叠合板生产线、钢筋加工设备和固定台位生产线。

2）车间分区

车间内分 PC 构件流水线生产区、PC 构件固定模位生产区、钢筋生产区、模板加工修整区、构件临时存放区、模板存放区、钢筋中间产品存放区、构件布展区、车间内临时休息室与办公室、参观通道。

生产区和构件临时存放区地面宜采用固化剂处理，布展区和参观通道采用环氧地坪地面；生产区与其他区域使用不锈钢栏杆和不低于普通人身高的钢丝网进行安全隔离。

3）车间桁吊设计与安装

每跨车间设置 2 台 10t（设主副吊钩）和 1 台 5t 桁吊，起吊高度不小于 9m，均能纵向贯通整条生产线。

4）车间水电暖气设计与安装

车间用水相对较少，主要是消防用水、生产用水、工人饮水。一般采用市政自来水给水，也可以采用打井取水。

车间内排水沟宽度不小于 30cm，并覆盖铁篦子。排水沟与厂区排水系统相连并设纵向"人"字坡，坡度不小于 1%。

根据当地冬季气温条件设计车间供暖，车间供暖温度不小于 5℃；车间蒸汽管路可以根据实际选择走地上或地沟。利用钢结构车间设计，将长条状散热片安装在 H 形梁柱的 U 形槽内，以达到节省空间、整齐美观的目的。

每跨车间两侧设置电缆沟，电缆沟宽度不小于 60cm。每条生产线均采用专用电缆，配电柜位置根据设备位置设置。

5）车间通风系统

为保证车间工作时的空气质量，车间屋顶需要设置通风系统。

6）拌合站、蒸汽锅炉房

根据车间年规划生产量，配置能满足生产需要的拌合站和蒸汽锅炉。

为降低生产能耗、节能环保，设计时应将混凝土和蒸汽输送距离设计到最小值，并最大限度减少管道拐弯。二者应与生产车间同步设计，拌合站出料口对应生产线布料工位，蒸汽锅炉房对应车间内蒸汽养护窑的用汽工位。

3. 构件堆放场

构件堆放场是 PC 工厂的重要组成部分，是预制构件出厂前的主要存储地。PC 构件堆场实景如图 1.2-3 所示。

图 1.2-3　PC 构件堆场实景图

1）堆场的设计

堆场设置要考虑与构件生产车间的距离，故构件堆放场一般靠近生产车间设置。

堆场面积的大小应满足 PC 工厂最大生产产能需要，并要满足库存构件的堆放需求。其最大面积可按照产能的 1.2～2.0 倍进行预留设计。

堆场场道结构层中的基层一般为三七灰土或水泥稳定碎石、水泥稳定砂砾，面层采用不小于 20cm 厚 C30 混凝土。堆场纵向坡度应为平坡设计。为有利于排水，堆场设置横向坡度，并在每跨两侧设置排水管道和漏水口，将堆场内雨水排至厂区雨水管网。

2）堆场龙门吊的选择与布置

堆场龙门吊基础采用条形基础，龙门吊轨道采用 43kg/m 钢轨，在堆场面层施工前进行龙门吊基础及轨道安装施工。安装轨道时考虑其使用安全性，要对轨道进行接地处理。为保证堆场车辆通行方便，龙门吊轨道顶面要与堆场混凝土面层顶标高相同。

龙门吊跨度选择：为充分利用堆场空间，龙门吊跨度宜大于 20m，并采用单端悬挑。堆场内龙门吊采用对称布置，即两跨龙门吊悬挑端设计为一左一右，两龙门吊间为滑触线。

堆场龙门吊吊重为 10t。

3）堆场构件管架的布置

在堆场内划分不同的存放区，用于存放不同的预制构件。

根据堆场每跨宽度，在堆场内，垂直于龙门吊，呈线形设置钢结构墙板存放架。每跨可设 2～3 排存放架，存放架距离龙门吊轨道 4～5m。

在堆场的区域内，圈画出堆放构件的存放区。

4. 办公研发楼

PC 工厂内的办公研发楼应满足 100～150 人办公需求，并预留足够的房间。

办公研发楼内设各个职能部门：办公室、研发设计部、生产管理部、计划合同部、财务部、物资设备部、安全质量部，并设有多功能厅、大中小型会议室、接待室。

办公楼前设停车场，停车场满足本公司人员车辆及来宾车辆停车需求。

5. 试验室

试验室规划：试验室具有相对独立的活动场所，充分考虑安全、环保、交通便利及工程质量管理要求，满足信息化办公要求。满足试验检测工作需要和标准化建设的有关规定。

试验室的功能分区与布局：资料室、留样室、特性室、力学室、标养室、集料室、水泥室、化学室。各功能室要独立设置，并根据不同的试验检测项目配置满足要求的基础设施和环境条件。按照试验检测流程和工作相关性进行合理布局，保证样品流转顺畅，方便操作。

6. 宿舍楼

根据 PC 工厂经营规划情况，宿舍楼的面积要满足高峰产能时员工的住宿条件。宿舍楼设计简洁大方，有节能供暖设计。

7. 锅炉房

根据 PC 工厂的规划情况，锅炉房位置应靠近生产车间。锅炉房可设计为框架或砖混结构，锅炉房面积及布局应根据设备情况进行设计布置。

选择锅炉吨位的大小时，还应考虑到生产车间、办公研发楼、宿舍楼的冬季供暖需要。

8. 地磅房

地磅房位置应设置在物流门附近，根据地磅、砂石料仓库的位置而定。

磅房距离地磅不宜超过 50m，面积 $15\sim20m^2$ 即可。

9. 厂区道路等设施的设计与布置

厂区道路在满足生产需求的同时，做到物流顺畅有序。

厂区主干道构成环状路网，各路相通。厂区物流出入口应紧邻市政道路。厂区交通要做到人、物分流。

厂区道路一般采用水泥混凝土路面。主干道路面宽度不小于 7m，次干道为 5m。

对厂前区、道路两侧及新建建筑物、构筑物周围皆予以绿化，种植花草和树木，以达到减少空气中的灰尘、降低噪声、调节空气温度和湿度及美化环境的目的，为工作人员创造一个良好的户外活动场所。

厂内管线有：给水排水管线、电力及通信线路、压缩空气管线等。

排水采用暗沟雨污合流形式，其他管线均采用地沟。对于含有水泥等粉料的浆水，应设置沉淀池，明沟上覆盖盖板。

1.2.4 PC 工厂车间布置案例

以一个三跨车间为例，说明两条 PC 自动化生产线、固定模台生产线、钢筋生产线的具体布设。具体工厂车间布置情况如图 1.2-4 所示。

图 1.2-4　PC 工厂车间布置图

1.3 PC 生产线选型、安装

1.3.1 国内、国外 PC 生产线简介

目前，国内成熟的自动化流水生产线均采用从动轮与电动轮来支撑、驱动整张模台进行运转的流水线生产方式。将预制生产中的各个工序分布到每个工位，并配置相应的机械设备和机具，人工操作或提前输入图纸和指令，人工辅助完成或自行识别完成工作内容。国内 PC 生产线生产厂家有河北新大地、三一快而居、鞍山重型、雪龙企业、华森重工、上海庄辰等企业。

由于国外建筑设计的高度标准化，其 PC 生产线的自动化程度也普遍很高，大量机械手被应用于模板组装、构件搬运等环节。国外 PC 生产线生产厂家有德国安夫曼（Avermann）、艾巴维（Ebawe）、索玛（Sommer）、沃乐特（Vollert）、维克曼（Weckenmann）；芬兰阿科泰克（Elematic）；意大利索泰美可斯（Sotmex）等企业。

1.3.2 选型及采购

选型的原则：先进、高效、经济、实用。

针对目前国内建筑设计的标准化程度不高的实际情况，应根据企业的经济实力，本着实事求是的原则，选择经济合理的生产线，并预留升级改造的空间。

组织考察团队，对国内外众多生产企业进行考察后，提出合理的招标方案。以公开招标、邀请招标的方式，确定生产线厂家。在签订采购合同时，明确生产线各个部件的进场时间，保证生产线安装的有序性。防止已进场设备无法安装，等待后进场设备的不利局面。

1.3.3 生产线布置

目前，主流 PC 自动化流水生产线均采用环形布置，充分考虑各个生产单元功能的不同、所占流水线节拍的长短、与拌合站混凝土运输线路的衔接位置、与钢筋生产线的相对关系等因素，进行合理布置。生产线布置如图 1.3-1 所示。

固定模位法一般采用线性布置。生产区与存放区相邻，且位于车间门吊的行走范围内。

1. 生产线布置的原则

生产线之间布置应按贯穿精益生产的理念。做到布局合理、流畅高效、安全经济，实现物料搬运成本最小化、有效利用空间和有效利用劳动力。

方便流畅原则：各工序的有机结合，相关联工序集中放置原则，流水化布局原则。

最短距离原则：减少搬运，避免流程交叉，直线运行的原则。

平衡均匀原则：工位之间资源配置、速率配置平衡的原则。

固定循环原则：固定工位，减少诸如搬运等无价值活动。

安全合规原则：电气设备的安装、高压蒸汽条件下元件保护，要符合相关法规规程，进行合规安装布局。模台运行、物体起运要设安全保险装置。

经济产量原则：适应最小批量生产，尽可能利用车间空间的原则。

柔韧性的原则：对生产线预留柔性发展空间。

硬件防错的原则：从生产线硬件设计与布局上预防错误，减少生产上的损失。

2. 布置注意事项

为生产平衡，减少空间浪费和降低作业人员巡回作业的强度，PC 生产流水线工位呈环形布置。在 PC 生产线的周边，根据生产需要设置工器具存放区、半成品堆放区。

各生产线分开合理布置，中间区域可作为工作人员通道、巡视观摩通道。

如果采用两条 PC 构件生产线和一条钢筋生产线的配置，则采用两条 PC 构件流水生产线左右分开，钢筋生产线位居中间的布置形式，以减少钢筋成品、半成品搬运距离。

PC 生产线两侧均设排水沟与电缆沟，有必要时设置暖气沟。电气管线分离，排水沟与电缆沟不得共用，废水与管线不得同用一条暗沟。

根据生产设备高度，确定车间桁吊高度。为提高车间桁吊利用率，各桁吊必须能够贯穿通行整个流水线。桁吊安装必需在钢结构屋盖覆盖前安装完毕。

3. 生产线布置图

以三明治外墙板生产线为例，各种机械设备的布置情况，如图 1.3-1 所示。

图 1.3-1　三明治外墙板生产线布置立体图

1.3.4　生产线安装与调试生产

1. 生产线安装

1）前期准备工作

生产线设备制作方要组建安装团队，项目经理负责与厂方沟通、技术交流、总体统筹。项目副经理负责后勤保障、材料采购等工作。配备机械员、电气技术员若干名。

厂方应安排专门负责人、电工、门吊操作员等相关人员协助安装工作。

安装前应备好以下设备：10t 以上桥式门车、汽车吊，桥式门吊提前安装验收完毕即可用以 PC 生产线的安装；φ20mm 以上钢丝绳或相应吨位的吊装带；氧气、乙炔气；电源和配电箱；焊机、焊条、气割枪等机具设备。

2）设备安装位置放线

根据生产线设计布置图，采用全站仪测放整条生产线的控制桩位。以整个生产线的中轴线为基准，对称分出左右前后环形中心线。

将环形中心线分成若干段，以各段中心线为基准，测定出两侧导向轮、驱动轮的桩位。

根据各工位的间距规划，在环形中心线上测定各个工位的中心桩位。

3）导向轮、驱动轮安装

导向轮与驱动轮一般采用预埋型钢或钢板焊接、预埋地脚螺栓固定两种形式。如图1.3-2所示。

图 1.3-2　导向轮、驱动轮
(a) 导向轮；(b) 导向轮；(c) 驱动轮

预埋钢板时要保证板面水平，浇筑混凝土时钢板下无孔洞，且振捣密实。地脚螺栓预埋浇筑混凝土时，也要保证板面水平、四根螺栓垂直固定。

采用焊接工艺时，先测定预埋钢板高程是否满足生产线模台标高要求。低于设计高程时，在预埋钢板上敷设、焊接另一厚度合适的钢板进行补高。

焊接前，用画粉在钢板上画出两条纵向轴线，再左右对称地画出横线，将导向轮底座对准绘制的纵横画粉线就位后，多点焊临时固定。检查左右两轮的顶面高程一致后，进行隔段焊接固定。

如再发现左右、前后轮高程不一，就要通过调整走轮的高度，确保模台的平稳运行。

采用地脚螺栓连接驱动轮底座，并拧紧后，调整支撑框与预埋钢板的角度大小，来实现驱动轮的高低变化。

4）设备立柱、走梁和轨道安装

输送料斗（鱼雷罐）、蒸养窑、布料机、拉毛机、抹光机、画线机均需要用立柱架来支撑设备的运行。其中输送料斗是通过走梁和轨道来实现设备的前进后退。

根据生产线设计布置图，测放设备的中心控制桩，确定中心线。再测放出左右立柱的位置。并根据立柱的连接方式，预埋连接钢板和地脚螺栓。焊（连）接工艺同导向轮、驱动轮的连接。

采用人工辅助起重机、车间门吊进行设备立柱、走梁和轨道的安装。安装时，要保证每排中的每根立柱，均位于同一条直线上。两排立柱上敷设的走梁面高度要一致，以确保输送料斗等设备的走行平稳。

5）清扫机、喷涂机、画线机、布料机、翻板机安装

①清扫机主要由机架总成、清理装置、扬尘机构、吸尘机构、刮料机构、接料装置、电柜等部件组成，如图 1.3-3 所示。

图 1.3-3　清扫机

清扫机安装流程：画线找平→机架安装→清理机构安装→扬尘机构安装→吸尘机构安装→刮料机构安装→接料装置安装→其他附件安装→分部试运行。

②隔离剂喷涂机主要部件：设备总成、接油装置、液压油站、电柜等，如图 1.3-4 所示。

隔离剂喷涂机安装流程：画线找平→整机安装→接油装置安装→管路安装→其他附件安装→分部试运行。

③画线机主要部件：行走支架、纵向行走系统、横向行走系统、画线机构总成、电柜等，如图 1.3-5 所示。

画线机安装流程：画线找平→行走支架安装→纵向 T 形导轨安装→纵行齿条安装→纵向与横向行走系统机架安装→画线机构安装→管路连接→其他附件安装→分部试运行。

图 1.3-4 隔离剂喷涂机

图 1.3-5 画线机

④布料机主要部件：支撑架、纵向行走系统、料斗升降装置、承重装置、横向行走系统、料斗总成、液压油站、电柜等，布料机结构如图 1.3-6 所示。

送料机主要部件与布料机大体相同，没有横向行走系统。

布料机安装流程：画线找平→支撑架→纵向钢轨安装→纵向行走系统安装→横向钢轨安装→料斗升降装置→承重装置→横向行走系统→料斗总成→管路连接→其他附件安装→分部试运行。

⑤翻板机主要部件：翻转架总成、模台锁位装置、构件支撑装置、液压油站、电柜等，如图 1.3-7 所示。

翻板机安装流程：画线找平→底架安装→构件支撑装置安装→模台锁位装置安装→其他附件安装→油路连接→分部试运行。

图 1.3-6 布料机

图 1.3-7 翻板机

6）模台横移车安装

模台横移车主要部件：车架构成、驱动装置、顶升装置、液压系统、定位装置、电气控制系统，如图 1.3-8 所示。

模台横移车安装流程：画线找平→车架→驱动装置→顶升装置→模台定位装置→液压、电气控制系统→油路、电路连接→分部试运行。

7）拉毛机安装

拉毛机主要部件：支架、升降装置、刮刀、电气控制系统，如图 1.3-9 所示。

拉毛机安装流程：支架基底找平→支架→刮刀→升降装置→电气控制系统→电路连接→分部试运行。

图 1.3-8　模台横移车

图 1.3-9　拉毛机

8）抹光机安装

抹光机主要部件：钢结构支架、大车行走机构、小车行走机构、提升机构、抹光装置、电气控制系统、设备附件，如图 1.3-10 所示。

抹光机安装流程：支架基地找平→大车钢支架→大车行走机构→小车钢支架→大车行走机构→顶升装置→抹光盘→电气控制系统→电路连接→分部试运行。

图 1.3-10　抹光机

9）振动台安装

振动台主要部件：底部支架、振动台面、减振升降系统、液压锁紧系统、电气控制系统、设备附件，如图 1.3-11 所示。

振动台安装流程：基地找平→底部支架→减振升降系统→振动台面→液压锁紧系统→电气控制系统→油路、电路连接→分部试运行。

图 1.3-11　振动台

10）振动赶平机安装

振动赶平机主要部件：结构支架、小车行走机构、升降系统、赶平系统、电气控制系统、设备附件，如图 1.3-12 所示。

振动赶平机安装流程：基地找平→结构支架→小车行走结构→升降系统→赶平系统→电气控制系统→电路连接→分部试运行。

图 1.3-12　振动赶平机

11）养护窑（蒸养窑）及码垛机

养护窑（蒸养窑）主要部件：结构支架、支撑轮、窑门结构、蒸汽管道系统、围挡保温层、窑内温度和湿度控制系统、设备附件。

PC 生产线中有两种养护窑：预养窑如图 1.3-13 所示，立体养护窑如图 1.3-14 所示。

养护窑（蒸养窑）安装流程：基地找平→结构支架→支撑轮→蒸汽管道系统→窑内温度、湿度控制系统→窑门结构→围挡保温系统→设备其他附件→蒸汽管道、电路连接→分部试运行。

图 1.3-13　预养窑　　　　　　　　　图 1.3-14　立体养护窑

码垛机主要零部件：结构支架、走行系统、提升系统、升降平台、去送模结构、上下定位装置、横向定位装置、电气控制系统、挑门结构、设备附件，结构图如图 1.3-15 所示，码垛机及立体养护窑实景图如图 1.3-16 所示。

码垛机安装流程图：基地找平→底部走行系统→框架结构→提升系统→升降平台→上下定位装置→横向定位装置→去送模结构→挑门结构→电气控制系统→电路连接→分部试运行。

卷扬机组

主机架

提升机架

图 1.3-15 码垛机

图 1.3-16 码垛机、养护窑实景图

12）各工位设备安装要点

①准备工作：熟悉设备安装施工图及施工验收规范，确定设备工位号和安装标高，掌握安装技术要求等。

检查所有起重搬运机具、钢丝绳、吊装带和滑轮，符合操作要求后方可使用。

②设备验收：设备的出库验收，分外观检查与开箱检查。要检查设备的外形尺寸及管口方位，设备内件及附件的规格尺寸及其数量、表面损坏、变形及锈蚀状况等。

③起重和搬运：将设备临时安置在机位附近。

吊装时，要将卡环等吊具卡在设备的吊装孔内（图 1.3-17、图 1.3-19）。对于没有设置吊装孔的设备，则应对称钩住设备中可支撑受力的部位，确保设备平衡和吊装绳的安全夹角符合要求后，进行起吊搬运（图 1.3-18 边模输送机）。

采取二股钢丝绳吊装时，二股钢丝绳之间的夹角一般不超过 90°，最大不超过 120°。吊绳与水平线的夹角不得小于 45°。若小于 45°，须在吊绳间加辅助支撑。

起吊搬运设备时，在钢丝绳与设备棱角的接触位置垫木块、橡胶皮等保护物品。

④设备就位：将设备吊装至其对应的安装工位上方，缓慢调整好设备方位，将设备底座中心线对准设备工位上的安装基准线，慢慢将设备落到安装工位。

就位过程中，要防止设备剧烈振动和磕碰。

⑤位置校正：设备就位后，检查设备的位置偏差。当设备中心位置偏差超出安装要求时，应采取吊车与人工辅助的方式，进行设备方位的微调，直至符合要求为止。

图 1.3-17　模台　　　　　　　　　　图 1.3-18　边模输送机

图 1.3-19　平移小车

2. 生产线调试

1）空载调试

设备安装结束后，安装队伍应及时通知车间管理人员，现场进行空载试车，全面做好试车记录，双方签字确认。

2）加载调试

具备加载试车条件后，在车间现场进行加载试车调试。

现场试车人员不少于以下人数：门吊操作人员 2 人，操作工 3～5 人，生产制作厂家现场调试人员不少于 3～4 人（机电工程师、机械工程师等）。

加载试车调试结束，双方对试验结果签字确认。

3）主要设备调试要点（表 1.3-1）

主要设备调试要点表　　　　　　　　　　　表 1.3-1

序号	设备名称	要　　求
1	翻板机	翻板机的翻转速度、油缸同步、液压系统运行情况；翻板机与模台的锁紧、翻转、落下等动作情况
2	清扫机	清扫机的滚刷升降、铲板角度、除尘器除尘效果等情况
3	喷涂机	调试喷涂机喷嘴，喷涂脱膜剂的流量，喷涂机的启动、停止与模台运行联动控制的情况
4	画线机	画线机绘图机械手的纵向、横向移动情况；设备能否按照输入的已编好的程序，画出构件模具的边线
5	布料机	布料机的横向与纵向移动、布料斗称重系统、布料机开关门的灵敏度、可靠情况；布料口关闭是否严密；自清洗功能正常与否
6	振捣台	模台到振捣台位后，落下、升起的到位情况，液压锁紧动作的可靠、同步情况
7	振捣赶平机	大车纵向行走和小车横向行走是否正常；刮平杠的升降动作是否灵敏可靠；激振力大小可调试情况
8	抹光机	小车行走情况；抹头升降调节、锁定是否可靠；抹头移动调节是否灵敏可靠
9	码垛机	上部轨道悬挂式横向移动的平稳性；定位锁紧装置与升降架层高定位装置的可靠性；开关门装置位置准确度、行程精度；推模装置、声光报警装置的可靠性等
10	平移摆渡车	平移车前后移动、同步情况、升降油缸同步、定位准确精度等情况
11	混凝土转运罐	鱼雷罐纵向移动情况；料斗口关闭是否严密

3. 生产线试车

1）单机试车及联调联试

目的是对系统所有装置的设备机械性能通过实际启动运行进行初步检验，发现设计、制造、安装过程中存在的缺陷并予以消除，以保证后续试车的顺利进行。单机试车要点见表 1.3-2。

单机试车还包括供配电系统和仪表组件的检验。

对于一般设备，要求连续运转 4～24h（具体按设备要求），经各方面确认合格即视为通过。

对于发现缺陷的设备，采取修正措施后，需再运转 4～24h 合格为止（具体按该设备空运转时间确定）。

　　流水线联调联试：先手动，后自动操作流水线上的各个设备，检验是否满足预定动作。

单机试车要点表　　　　　　　　　　　　　　表1.3-2

序号	设备名称	要　求
1	清扫机	驱动脱模后有混凝土残渣的模台，按流水线正常运行速度通过清扫机工位后，目视模台表面是否干净，模台面是否有损伤，清扫机是否刮伤模台表面
2	喷涂机	驱动清理干净后的模台，按流水线正常运行速度通过喷涂工位，目测模台表面隔离剂是否喷涂均匀
3	画线机	使用画线机在模台上绘制预编程的图形，用卷尺实际测量与设计图纸比较，绘制出的图形的偏差是否符合规范标准
4	布料机	按照实际使用的情况让设备运转，目测其下料是否均匀；使用0.5~1m³容器接料并称重，检查布料机称重仪表是否准确；目测在自动运行中，布料机升降是否平稳
5	振捣台	对已正常布料后的模台，按操作规程进行振捣作业，目测振捣效果，判断振动力是否可以把混凝土振捣密实
6	振捣赶平机	对正常布料后的混凝土进行振动赶平作业，目测此时的振动力是否可以把混凝土赶平，并振捣密实
7	预养护窑	窗门开启平稳，开门时间在20s以内；手动开启窗门顺畅；用温度计测试实际温度。观察PC构件的实际养护效果。养护时间满足生产流水线节拍，蒸养窑稳定保持在40℃左右
8	抹光机	对预养合格的PC构件进行抹光作业，目测是否可以把构件混凝土表面抹光
9	码垛机	手动操作堆码机，使用放置构件的模台，进行试车，目测开门、升降、推拉模台运行情况。检测开门机构能否与窑门准确定位，升降是否平稳有力。升降系统稳定性；升降过程中设备不能剧烈抖动，速度要均匀。推模机构平稳性；推模机构能够平稳地把模具推进和拉出养护窑
10	立体蒸养窑	养护时间满足生产流水线节拍，用温湿度计测量窑内温度和湿度，蒸养窑内温度保持稳定在80℃左右，观测养护后的实际效果
11	摆渡车	目测线间平移车顶升模板时两边油缸升降速度是否一致，顶升完成后的行走速度是否一致、同步，确保模台不会倾斜。升降高度及平稳度：顶升过程是否存在颤抖或未达到预定高度就停止的情况

序号	设备名称	要　求
12	混凝土转运罐	用秒表及卷尺实测正常负载运行状态下，鱼雷罐行走是否顺畅平稳、速度是否可调；正常装料后及清洗干净情况下，目测开门机构是否开启平稳及存在漏浆情况
13	拉毛机	手动操作升降，目测其高度升降控制是否灵敏、拉毛效果如何，测量拉毛深度是否达到预定深度。判断防撞装置反应是否灵敏可靠；防撞杆遇障是否停车
14	翻板机	设备运行同步性：两个翻转架是否同步；目测观察设备外表，检查外观是否合格；用仪器检测翻转机顶翻转过程中两边油缸升降速度是否一致； 目测在翻板机顶升过程中两个翻转架是否颤抖或未达到预定角度就停止，判断翻板机在翻板过程中的平稳度
15	模台支撑单元	用水准仪检测各个平台高差，是否满足技术要求
16	模台驱动单元	用水准仪检测各个平台高差，是否满足技术要求

2）联动试车

联动试车由设备安装厂家组织实施，操作人员全部进入操作岗位，维修人员也要同时进入车间现场。

联动试车就是在接近实际生产状态下，对系统所有设备，包括仪表、联锁、管道、阀门、供电等进行联合试运转，给初经培训的操作人员一个实践的机会。为投料运行做好一切准备，保证投料运行一次成功。

3）投料试车

投料试车的过程是所有设备装置经受负荷的检验，以生产出符合设计文件要求的产品为目的的生产过程。

如果设备操作不当，各种内外部条件失谐，极有可能发生各种生产事故。因此投料试车前必须严格检查设备操作人员、机械设备是否确实具备投料条件。

4）试车的原则与要求

遵循"单机试车要早，联动试车要全，投料试车要稳"的原则。以最低的试车费用，最优的产品质量，达到 PC 生产线能安全、平稳、启动的目的。

1.4　钢筋生产线选型与安装

1.4.1　国内钢筋加工设备发展历程

国内自动化钢筋生产设备的发展过程主要经历了 20 世纪 80 年代简单单机，20 世纪 90 年代进口单机设备及复杂一些的国产设备，21 世纪前十年的钢筋加工配送中心、高速铁路、高速公路专用设备，最近几年开始的建筑产业现代化 PC 工厂专用设备等四个阶段。

国内已拥有数十家钢筋机械设备生产企业，呈现多层次、多品种、多创新的局面。

进入 21 世纪后，中国建筑业开启了建筑产业现代化的革命，要由传统劳动密集型过渡到现代工厂化的建造方式。钢筋加工方式也开始由工地简单加工到 PC 车间智能化生产的转型升级。

智能化钢筋部品生产成套设备研究与产业化开发，工程钢筋加工自动化成型技术等科研成果的推广应用，不仅保障了我国专业化钢筋加工设备的健康发展，也为现代化 PC 构件厂专用智能化钢筋加工设备的开发应用打下了坚实的技术基础，与发达国家技术水平差距进一步缩小。

目前，国产钢筋加工设备可以满足国内 PC 构件生产的发展需要。

1.4.2 钢筋生产线选型

PC 构件厂钢筋加工设备的选型，要满足 PC 构件生产的种类、产能、自动化程度的要求。钢筋生产线与 PC 生产线能协调配合，产能略有富余。其自动化程度要与工人素质、施工组织相配套。

目前，我国新建 PC 工厂预制构件包含外墙板、内墙板、叠合板、预制楼梯、阳台、叠合梁、预制柱、异形构件等。与之对应的有钢筋线材、钢筋棒材、钢筋连接、钢筋焊接等钢筋加工设备。

1. 钢筋线材加工设备

主要由全自动数控钢筋弯箍机和全自动数控钢筋调直机组成。

主要完成钢筋盘条的开卷调直、定尺切断和箍筋成型，包括大量使用的拉筋、板筋等部品。常用的是直径 5～12mm 盘条，目前加工钢筋的最大直径已达 16mm。

采用高度智能化控制，二维码扫描输入技术，每台设备只需一人操作，产能是传统设备的 5～7 倍。采用伺服电机数控技术，使得钢筋尺寸和形状精度非常高，长度可控制在 ±1mm，角度可控制在 ±1°。与钢筋加工管理软件对接，保证钢筋制品的成品率和交工准确率。

目前，已成功研究出钢筋防扭转工艺，解决了盘螺加工纵肋扭转带来的箍筋张口等问题，极大提高了线材加工设备的适应性、可靠性。

以弯箍机为基础衍生出的多功能弯箍机，在箍筋等小构件生产功能基础上，增加了板筋等长构件的加工功能，具备箍筋加工和板筋加工两个功能。但板筋加工为辅助功能，直线度和加工速度有待提高。

以调直切断机为基础衍生出的全自动板筋生产线。在高速直条加工功能基础上，把数控弯曲中心功能集成到生产线中，具备直条加工和板筋加工两个功能，可同步进行调直切断和板筋弯曲作业，板筋生产的直线度和速度都能保证。

1）数控钢筋弯箍机

数控钢筋弯箍机如图 1.4-1 所示，设备性能见表 1.4-1。

图 1.4-1　数控钢筋弯箍机

数控钢筋弯箍机性能表　　　　　　　　　　　　　　表 1.4-1

型　号	GGJ13A	GGJ13B	GGJ16A
双根钢筋直径（mm）	5～8	5～10	10～16
最大弯曲速度（°/s）	1250	1400	1400
单根钢筋直径（mm）	5～13		
中心轴尺寸（mm）	ϕ20、ϕ25、ϕ32（选配：ϕ40、ϕ50、ϕ60）		
弯曲角度（°）	±180		
最大牵引速度（m/min）	110		
主机外形尺寸长 L×宽 B×高 H（mm）	3600×1400×2200		

2）多功能弯箍机

多功能弯箍机如图 1.4-2 所示，设备性能见表 1.4-2。

图 1.4-2　多功能弯箍机

多功能弯箍机性能表　　　　　　　　　　　　　　　　表1.4-2

型　号	GGJ13-DA	GGJ16-DA
单根钢筋直径（mm）	5～13	10～16
双根钢筋直径（mm）	5～8	8～10
中心轴直径（mm）	20、25、32（选配：40、50、60）	
弯曲角度（°）	±180	
最大牵引速度（m/min）	110	
最大弯曲速度（°/s）	1200	
主机外形尺寸长 L×宽 B×高 H（mm）	3526×1260×8300（可根据客户需要定制）	

3）钢筋调直切断机

钢筋调直切断机如图1.4-3所示，设备性能见表1.4-3。

图1.4-3　钢筋调直切断机

钢筋调直切断机性能表　　　　　　　　　　　　　　　　表1.4-3

型　号	GT5/12	GT8/14	GT10/16
钢筋加工直径（mm）	5～12	8～14	10～16
整机功率（kW）	46.5	53.5	62
主机外形尺寸长 L×宽 B×高 H（mm）	2600×1000×1980	3180×1000×1980	3700×1000×1980
切断定尺长度（mm）	800～12000（可按用户需要定制）		
最大牵引速度（m/min）	150		
长度调整方式	手动/自动		
剪切方式	伺服剪切		
速度调整方式	无级调速		
控制方式	可编程控制系统		

4）全自动板筋生产线

全自动板筋生产线如图 1.4-4 所示，设备性能见表 1.4-4。

图 1.4-4　全自动板筋机

全自动板筋机性能表　　　　　　　　　　　　　　　　　　表 1. 4-4

型　　号	BJX12	BJX14	BJX16
加工钢筋规格（mm）	5～12	8～14	10～16
加工速度（m/min）	0～120（无级可调）		
弯曲速度（°/s）	0～180（无级可调）		
弯曲短边长度（mm）	100～300		
弯曲长边长度（mm）	2000～12000		
最大弯曲角度（°）	135		
弯曲角度误差（°）	±1		
总功率（kW）	45	50	68
外形尺寸（mm）长 L×宽 W×高 H	26000×2400×2400	27000×2400×2400	28000×2400×2400

2. 钢筋棒材加工设备

包括数控钢筋剪切生产线、数控钢筋弯曲生产线两种设备。

主要完成直条螺纹钢的定尺切断和弯曲成型。一般 PC 构件钢筋直径范围为 12～28mm，采用 120t 剪切线和立式弯曲线组合配套方案即可。

如考虑工程其他应用，可采用更大吨位的剪切和弯曲。目前，国产剪切线剪切力可达 300t，弯曲线具备加工 50mm 三级钢的弯曲能力。切断和弯曲控制均采用程序控制，定尺挡板和弯曲主机的位移都采用伺服数控技术，剪切和弯曲全部工作只需 2～3 个人。下料长度精度达到 ±1.5mm，还可以根据钢筋连接的需要选择负偏差，实现高精度补偿。

1）钢筋剪切生产线

钢筋剪切生产线如图 1.4-5 所示，设备性能见表 1.4-5。

图 1.4-5　钢筋剪切机

钢筋剪切机性能表　　　　　　　　　　　　　　　　表 1.4-5

规格型号		GQX120	GQX150	GQX300	GQX500
剪切力（kN）		1200	1500	3000	5000
切刀宽度（mm）		100～250	500		
剪切频率（次/min）		≤24	≤14		
剪切长度（mm）		700～1200	1750～12000		
液压系统最大工作压力（MPa）		无	25		
辊道输送速度（m/min）		50	40～90		
原料最大长度（mm）		12000			
剪切数量（根） （σ_b≤650MPa）	ϕ50		1	2	3
	ϕ40	1	3	5	6
	ϕ32	2	13	14	14
	ϕ25	4	16	16	16
	ϕ20	6	22	22	22
	ϕ16	8	27	27	27
	ϕ12	12	30	32	32

2）钢筋弯曲生产线

钢筋弯曲生产线如图 1.4-6 所示，设备性能见表 1.4-6。

图 1.4-6 钢筋弯曲机

钢筋弯曲机性能表 表 1.4-6

型 号	GWXL2-32A（标准型）	GWXL2-32B（加宽型）
外形尺寸（带上料架）（mm）	10000×2090×1460	12760×2090×1460
外形尺寸（不带上料架）（mm）	10000×1145×1050	12760×1145×1050
最大边长尺寸（m）	8.6	11.4
最小短边尺寸（弯曲90°）（mm）	70	
工作电压	380V±5%，50Hz	
总功率（kW）	11.6	
主机最大移动速度（m/s）	0.5～1	
弯曲速度（r/min）	3～10	
最小边长尺寸（mm）	ϕ10：420；ϕ32：435	
ϕ10～ϕ25 最大弯曲角度	上弯曲180°下弯曲120°	
ϕ28～ϕ32 最大弯曲角度	上弯曲135°下弯曲90°	
原料台输送速度（m/min）	约7	
原料台承载能力（kg）	2000	
弯曲方向	双向	

加工能力 （HRB400）	ϕ10	ϕ12	ϕ14	ϕ16	ϕ18	ϕ20	ϕ22	ϕ25	ϕ28	ϕ32
	6根	5根	4根	3根	3根	2根	2根	1根	1根	1根

3. 钢筋连接设备

主要是钢筋螺纹加工设备。

PC 构件常用的 12～25mm 钢筋螺纹加工生产线，可达到 600～720 根/h 的生产率。从原材料下料到钢筋一端螺纹成型，一直到成品收集，只需 2 人操作，是人工单机生产效率的 10～20 倍。

半灌浆套筒已得到普遍应用，亟需加工效率高、螺纹加工质量有保证的螺纹自动代加工设备。

根据工地需要，螺纹加工设备已有多种选择，最长加工到 12m，最大直径可达50mm，下料方式也有锯切和平切的方案，国内有些企业已经具备根据工程需要选择专门化配套的能力。

考虑国内 PC 构件体系的多样化及构件产能没有充分发挥的现实，目前，大多构件厂采用螺纹钢筋剪切机＋人工操作套丝机单机的生产方案。

1）螺纹生产线系列

螺纹生产线如图 1.4-7 所示，设备性能见表 1.4-7。

图 1.4-7　螺纹钢筋剪切机

螺纹钢筋剪切机性能表　　　　　　　　　　　　　表 1.4-7

型　　号	GSX-500A	GSX-500B
切断方式	锯切	剪切
钢筋直径（mm）	12～50	
加工效率（根/min）	1.5	4
最大原料长度（m）	12	
成品长度（m）	2.5～12	2～12
锯切宽度	500	—
输送速度（m/min）	0～50	
总功率（kW）	31	48

2）滚压直螺纹套丝机

滚压直螺纹套丝机如图 1.4-8 所示，设备性能见表 1.4-8。

图 1.4-8　滚压直螺纹套丝机

滚压直螺纹套丝机性能表　　　　　　表 1.4-8

型　　号	GHB50	GHB40
钢筋规格（mm）	16～50	16～40
电源	380V，50Hz	

4. 钢筋焊接设备

包括全自动钢筋网片焊接生产线和全自动钢筋桁架焊接生产线两种设备。

主要完成内外墙板、叠合板、阳台、楼梯等 PC 构件用钢筋网片和钢筋桁架的焊接成型。

一般焊网钢筋直径最大到 12mm，最大网宽 3300mm，桁架弦筋最大也为 12mm，腹筋最大到 7mm，波峰间距（节距）200mm。

近年来，根据建筑产业现代化发展的需要，国内专门为 PC 工厂研发出可开门窗的全自动柔性焊网生产线和可调节距的专用全自动桁架生产线，焊网宽度最高可达 4000mm，叠合板桁架高度也达到了 350mm，并且桁架节距可以在 190～210mm 之间无级调整，现已广泛应用于新建 PC 构件厂。

1）钢筋网片焊接生产线（标准网）

钢筋网片焊接生产线如图 1.4-9～图 1.4-11 所示，设备性能见表 1.4-9。

图 1.4-9　GWC-P 盘条上料标准网焊接生产线

图 1.4-10 GWC-Z 直条上料标准网焊接生产线

图 1.4-11 GWC-PC 柔性钢筋网焊接生产线

钢筋网片焊接生产线性能表 表 1.4-9

型 号	GWC-ZA/ZB/PA/PB（标准网）	GWC-PC（柔性网）
纵筋上料方式	直条/盘条	盘条
横筋上料方式	手动/自动	盘条
网宽（mm）	1250/1800/2600/2800/3300/4000	3300/4000
纵筋间距（mm）	50 的倍数或无级调速	≥100，50 的倍数
横筋间距（mm）	25～600 间无级可调	25～600 间无级可调
纵筋直径（mm）	3～6，5～12，5～16	5～12
横筋直径（mm）	3～6，5～12，5～16	5～12
焊接能力（mm）	6+6，12+12，16+16	12+12
额定功率（kW）	200～2000	500～1000
说明	—	可自动开门窗孔

2）钢筋桁架焊接生产线系列

钢筋桁架焊接生产线如图 1.4-12 所示，设备性能见表 1.4-10。

图 1.4-12 钢筋桁架焊接生产线

钢筋桁架焊接生产线性能表   表 1.4-10

型　号	GJH270/350
额定功率（kW）	3×250
气源压力（MPa）	0.6～0.8
冷却液流量（L/min）	120
冷却液温度（℃）	≤30
油压（MPa）	5～12
桁架高度（mm）	70～270/350
波峰间距（mm）	200，或 190～210 可调
波浪丝直径（mm）	$\phi 4 \sim \phi 8$
上弦丝直径（mm）	$\phi 8 \sim \phi 16$
下弦丝直径（mm）	$\phi 8 \sim \phi 12$

5. 配套设备

主要配套设备包括水、气、电三方面。

大部分设备用到压缩空气，其中焊接类的设备还须采用冷却水冷却。

在钢筋生产加工设备选型，与整个构件厂、车间统一规划阶段，也要合理配套水源、气源和电源。

1）水源

钢筋焊接设备工作时会产生大量的焊接发热，焊接变压器、焊接铜电极及可控硅等处都需要及时冷却，因此需要配置专门的冷却系统。

考虑到建筑钢筋表面不允许粘油及油冷成本太高，通常都采用水冷方案。

冷却方式分自然冷却和水冷机冷却两种。自然冷却需要足够大的水池或水箱，有些高温地区还需加冷却塔。水冷机冷却为主动式冷却，采用冷媒和压缩机控制水温，虽然电耗及成本较高，但占用空间小，冷却效果可控。

目前，PC构件厂大多采用水冷机冷却的方案，如图1.4-13、图1.4-14所示。

图1.4-13 水冷机冷却方案

图1.4-14 水冷机

2）气源

绝大部分钢筋加工设备都需要压缩空气，其中焊网生产线需要的压缩空气最多，空压机和储气罐如图1.4-15、图1.4-16所示。

对于一个包含全套设备的PC钢筋加工车间，通常需要气压不小于0.8MPa，流量不小于8m³/min的空压站。为了设备压力参数的稳定，必须配置至少1m³的储气罐。为了保护气缸气阀等气动元件，气源要求必须配置相应的冷干机和三级过滤器。冷干机如图1.4-17所示。

通常要统一规划钢筋加工车间和PC生产线及搅拌站用气，建立集中的空压房。空压房位置最好选择距离焊网机等用气量最大的设备较近的位置，但又与生产车间相对隔离的地方。在减少管道距离的同时，防止空压机噪声影响车间生产工人。

　　3）电源

　　通常钢筋加工车间用电占到整个 PC 生产工厂的一半以上，而钢筋焊接设备用电又占到全部钢筋加工车间的一半以上，因此要降低整个 PC 工厂配置变压器的总容量，就必须考虑钢筋焊接设备的选型及焊接方式。

图 1.4-15　螺杆式空压机　　　　图 1.4-16　储气罐　　　　图 1.4-17　冷干机

　　现在国内不仅有同一台设备的分次焊技术，而且可以在不同焊接设备之间采用错峰焊技术，可以有效地解决钢筋加工车间配置变压器容量过大的难题。

　　另外在车间配电柜的布置方面，主要考虑要离用电设备尽量近，不仅可以减少电线用量，还方便操作人员的开机和关机。钢筋生产线配电柜如图 1.4-18 所示。

　　布线方面通常有两种方式，一种是桥架方式，一种是地沟方式，也可以采用桥架和地沟相结合的混合方式。

图 1.4-18　钢筋生产线配电柜

6. 其他设备

近年来，PC 构件厂的快速发展促使钢筋加工设备不断创新。

为了进一步减少和减轻工人劳动强度，有关科研部门和企业开发了立体构件成型等专用设备，有些设备已应用于实际生产中，例如钢筋网片弯曲机（图 1.4-19）。

图 1.4-19 钢筋网片弯曲机

1.4.3 钢筋生产线布置

1. 布置原则及要求

钢筋生产线车间布置工艺，主要目的是满足 PC 构件的生产要求，要在满足质量及产量的前提下减少工人和管理人员的数量和劳动量。钢筋加工车间实景如图 1.4-20 所示。

1) 钢筋加工车间工艺布置

钢筋加工车间由相对独立的多台/套设备组成，布置工艺既有别于 PC 生产线，又服务于 PC 生产线。应遵循以下几个原则：

①合理：从原材料到成品、从钢筋绑扎到模台钢筋安装，物流方向必须满足 PC 生产线要求。

②合规：原材料、设备安装及成品堆放区必须符合车间基础设计承载能力，水气电配置也必须符合相关规范要求。

③方便：采用下料和加工一体化生产线，减少钢筋吊运周转次数。

④安全：钢筋加工过程容易发生钢筋伤人的事故，必须在工艺规划中设置安全空间和安全隔离措施。

⑤高效：钢筋绑扎及存放区要与 PC 生产线作业模台临近，方便模台上钢筋制品的安装。

钢筋加工车间工艺布置图详见图 1.2-4 PC 工厂车间布置案例中的钢筋生产线布置图。

2) 钢筋生产线布置要求

在图 1.2-4 钢筋生产线布置案例中，考虑到钢筋骨架绑扎成型后，必须以最近的距离运送到 PC 生产线相应模台上进行安装就位。因此在钢筋加工车间，采取了从右到左的钢筋生产线布置方式：最右侧为原材料区，位于安全运输通道两侧，方便卸货；紧接着就是两个线材加工区，分别为钢筋箍筋加工区和钢筋直条加工区；再往左就是钢筋组焊件加工区，分别为钢筋柔性焊网和钢筋桁架两个加工区，紧临网片和桁架储存区是两个钢筋绑扎区，将网片和桁架组合到一起的叠合板钢筋骨架成型作业以及外墙内页板连梁等构件的绑扎成型都在这两个区完成。最后就是钢筋过跨区，把绑扎成型的钢筋骨架成品横向摆渡到 PC 生产线相应模台旁边，安装到模具后进行浇筑。

在这个过程中，充分利用自动化钢筋加工设备的牵引能力和工序集成技术，减少钢筋及其制品的起吊次数，保证钢筋按照单方向进行移动。

图 1.4-20　钢筋生产加工车间

2. 注意事项

1）钢筋原材料距离门口要近，方便钢筋运输车的进出及卸货。

2）设备摆放位置必须兼顾生产效率和操作维护空间的需求，留出足够的安全活动空间。

3）按照功能分类，成组安排设备位置，例如：线材加工区、棒材加工区、组焊类加工区、零星加工区等。

4）因钢筋生产作业存在安全隐患，必须明确分离钢筋加工区与安全参观通道，并设置防护网隔离。

5）吊运钢筋原材料和成品时，严禁从设备上方经过，更不允许从设备操作空间越过。

6）如果需要从钢筋加工车间到 PC 生产线模台之间过跨，必须合理配置过跨设备。

1.4.4　安装与调试生产

安装钢筋生产线，涉及水电气、PC 生产线、车间桥式门吊等设备，需协调的部门较多，应组建由技术、设备、生产等部门组成的安装调试小组，并且配备有具有一定专业经验的安装人员，保证安装调试工作的顺利进行。

为保证钢筋生产线的安装和调试工作的顺利，必须配备专门的钢筋加工操作和管理人员、机械和电气工程师。

以下简要介绍主要钢筋设备的安装调试。

1. 柔性钢筋网片生产线

1）场地要求

柔性钢筋网片生产线的设备主机安装在整体基架上，生产线在焊接生产过程中产生的冲击和振动不太大，对安装地基要求不高，只需按照设备安装地基图，在车间地面上预埋地脚螺钉或打膨胀脚螺栓，穿过焊机基架上的地脚孔，拧紧后就可将设备固定。

焊机安装时，一定要保证基架水平。

柔性钢筋网片生产线为机电产品，除了焊接控制柜和操作台之外，焊接主机中有伺服电机、焊接变压器、次级焊接回路和其他电器、电子产品。要采取措施保护焊机内的电子及电器部件，避免绝缘受潮损坏，防止电路短路和器件金属腐蚀，免受其他外来因素的干扰。

焊机的安装场地一般要求：要有足够的操作空间，且保持干燥、通风；清洁、无尘埃、无油雾和其他脏物；无强辐射，无无线电通信发射机，焊机控制柜应远离辐射热源。一定要将焊机主控制柜放在装有空调的房间内，保持控制柜内温度不要过高；无含有酸、咸、盐或其他腐蚀性、可燃性气体。

设备安装场所要具备符合设备要求的电源、水源、气源。

2）电源配置

钢筋网焊接成型设备是车间电网上的大负载。在焊接的一瞬间，焊接电流很大，造成车间电网瞬间电压大幅度跌落，干扰其他设备的正常使用。因此应由单独的变压器供电，这样既有利于保证焊机本身的正常运行，也有利于稳定车间电网。

接地线应有足够的断面面积，并用螺钉紧固。焊机应通过熔断器和专设的空气开关再接到电网上。参考焊机额定连续初级电流的大小后选择电源连接线的断面积和熔断器的容量。焊接主机、控制柜和其他用电的辅机，每台设备皆应利用本身的接地螺钉与车间专门的接地母线进行可靠连接。不允许将各设备上的接地点串联起来再接到接地端子上，不允许利用车间水管进行接地。

3）接水源

焊机在作水路连接时，要注意以下几个方面：在焊机冷却水进口的水路上，安装调节阀，以便调节水流量的大小。停用焊机时，要关闭阀门。在冷却水的出水管口下部，通常安装出水槽或出水漏斗，以便观察冷却水的流出，测量出水温度，汇集冷却水。为可靠起见，焊接主机和控制箱应单独设出水管，便于观察和测量水流量。

应尽量缩短冷却水管的长度，并尽量减少水管的弯折，以减小水流阻力。

为保证可控硅水冷却的可靠性，焊机装有水压开关。当水压低于规定值时，系统将报警，从而保证当无冷却水或冷却水流量不足时，避免烧坏变压器、电极、可控硅等水冷部件。

4）接气源

压缩空气从储气罐流出后，经阀门接到焊机的进气管口。通入焊机的压缩空气要预先经过干燥，或者在气路的进口安装过滤器，滤去空气中的水分。

5）调试

焊机全部安装就绪之后，即可进行调整、试车。

通常将焊机调试分解，先单独调试各个组件（或单个项目），然后再整机综合调试，直到最后焊出合格的试件为止。

2. 自动桁架焊接生产线

桁架生产线和焊网生产线都为焊接类设备，安装要求可参考焊网生产线。

3. 自动化弯筋机

1）场地要求

设备不得露天使用和存放，应安放在封闭良好的工业厂房内。

设备必须放在水平坚固的地面上，确保设备底座和地面良好接触。放置设备的工厂地

面抗压能力不低于 $15kg/cm^2$，约相当于 10cm 厚度的 C30 混凝土地面。

2）安装固定

把放线架底座固定在地面上，用地脚螺栓固定设备。为防止因固定设备的地面不平引起设备重量不均匀产生倾倒，需要用垫片将设备垫平。

设备到墙的距离不得小于 1000mm，以便于设备维护。

3）连接气源

设备需要不小于 $0.3m^3/min$ 的气源，直接连接压缩空气供气管到设备球阀上。

检查系统气压不低于 0.8MPa，打开球阀，建立设备工作气压，检查有无漏气现象，并排除。检查完成后，关闭球阀和气源。

4）连接电源

自动化弯筋机采用三相 380V（±5％）工频电源，地线需进行安全连接。

通电前准备工作：电源线的连接必须由专业的电工进行操作，检查电源是否和设备要求相符。安装一个独立的配电盘，包括 1 个热短路保护开关和 1 个漏电保护器。电缆线（三相＋地线）要满足设计要求。如果电源有频繁的振荡或断电，应该增加稳压器和应急电源。

4. 自动化钢筋调直切断机

1）安装调直主机和剪切部分

将主机安装在车间的水泥地基上，摆正（使主机的矫直钢筋主轴与基础中心线平行）后用木工水平仪对主体进行水平找正。放置水平仪的最佳位置是：纵向检查时，放在旋转床体的表面；横向检查时，放在侧立板平面上。找正之后用专用地脚螺栓固定。

2）安装翻料架

翻料架的安装同样要注意其直线度和水平度。应保证：在进料方向的调直筒左端穿一直线，通过料槽中心至槽尾端拉直，确保穿入的直线在料槽中间位置，同时确保收集架进料端与主机的距离为设计规定尺寸后，才能用地脚螺栓固定整个翻料架。

3）安装原材料上料部分

安装放线架和鼠笼导料器，将其与主机的间距调整适当后，现场用膨胀地脚螺栓固定。

4）安装电控柜

电控柜安装完毕，接通电气线路后，即可进行钢筋调直切断机的调试与试生产。

1.5 生产线配套设备

1.5.1 运输设备

根据预制构件存放方式的不同分为立式存放、水平叠放。在构件运输时要根据构件存放方式的不同，选择不同的运输设备。

墙板采用立式运输，车间内选择专用构件转运平板车或改装平板运输车，平板之上放置墙板固定支架。

叠合板及楼梯采用水平运输，采用转运小车即可满足转运要求，如图 1.5-1 所示。

叉车是 PC 构件生产中不可缺少的运输设备。叉车可以进行叠合板及楼梯、半成品与成品钢筋、小型设备的转运，如图 1.5-2 所示。一般选择承载能力 5～10t 的叉车即可满足生产需求。

图 1.5-1　转运平板车　　　　　　　　　　图 1.5-2　叉车

1.5.2　起吊设备

为满足生产需要，车间内每条生产线配 2～3 台门吊，每台门吊配 10t、5t 的吊钩。车间桥式起重机实景如图 1.5-3 所示。

室外堆场内，每跨工作单元配 1～2 台 10t 桁吊，每台龙门吊配 10t、5t 的吊钩。

吊具：根据不同预埋件类型，选择不同的接驳器。例如：叠合梁预埋吊环、楼梯预埋内螺纹、墙板预埋吊钉时，就需要选择吊钩、内螺旋接驳器、吊钉接驳器等配套的专用吊具。

为使起吊时 PC 构件不受损坏，一般需要使用起重吊梁（扁担梁）辅助吊装运作业。

图 1.5-3　车间桥式起重机

1.5.3　翻转设备

PC 构件预制时有立式（如楼梯等）、卧式（如叠合板等）两种方式，但在运输、安装过程中，则要根据实际情况，改变构件预制时的姿态，以适应运输和安装的需要。在这两种情况下就需要用到翻转设备。

当需要翻转的 PC 构件数量很少时，可通过门吊或塔吊的主副钩，进行协调升降，完成构件的姿态调整。但在翻转过程中，一定要缓慢、匀速进行。确保构件不受到大的外力作用而形成应力集中，造成构件的损坏。

车间流水生产线为固定翻板机（图 1.5-4），在安装现场则需要用到移动式翻板机（图 1.5-5）。

车间内翻板机设计时应综合考虑模台重量以及生产线要生产最大构件的重量，除考虑翻转动力外还应考虑翻转过程中的稳定性。

经常用到翻板机的 PC 构件有楼梯、内外墙板、外挂墙板等。

图 1.5-4　固定式翻板机　　　　　图 1.5-5　移动式翻板机

1.5.4　清扫设备

为减少工厂运营期间的扬尘污染，保持厂区道路卫生，需配置容量 $14\sim18\text{m}^3$ 洒水车。

为保持车间运营期间卫生，车间内配置 $1\sim2$ 台电动清扫车（图 1.5-6）、一台适合自流平地面或固化剂地面使用的电动洗地机（图 1.5-7）。

场内定置摆放一定数量的垃圾桶，盛放生活垃圾和建筑垃圾，当地环保部门垃圾车定期来清运垃圾。

图 1.5-6　电动清扫车　　　　　　图 1.5-7　电动洗地机

1.5.5　混凝土拌合设备

1. 选择混凝土拌合站的原则

工作原理先进、自动化程度高、计量精度高、搅拌质量好、生产效率高、管理系统功能强大、能源消耗低和环保性能好。并具有配置优良、控制方式可靠、适用性强、可维修性能好的特点。

2. PC 生产线配备混凝土搅拌设备

PC 生产线年产量 20 万 m³ 以下，混凝土搅拌设备生产率一般要不小于 90m³/h；

PC 生产线年产量在 20 万～30 万 m³，混凝土搅拌设备生产率一般为 120m³/h。

3. 拌合站布设、施工、安装注意事项

1）拌合站出料口应与生产线布料机工位对应设置，以减少混凝土运输的距离。

2）拌合站布置与施工

为减少装载机的上料难度和油料消耗，降低装载机的上料高度，减少端料载荷运输的距离，要最大程度上降低配料机的整体标高。故在确保设备相互之间的高程差符合设计的基础上，以原料仓地面高程为基准，相应地降低配料机、输送带、拌合主机等设备的高度，使上料仓口与装载机装料后料斗自然高度大体一致。

合理布置原料仓与配料机的几何位置，减少装载机在装料、卸料之间的折返路径。

施工拌合站时，先进行拌合主机和配料机基础的施工。因配料机机位较深，施工时应避开雨季。

3）拌合站原料仓须分仓设置，原料仓与骨料输送带均应进行封闭，骨料卸料处设高压喷淋降尘设施。

为保证冬季正常生产混凝土，砂石料原料仓内设供暖设施，料仓外部采取保暖措施。

4）在拌合站料仓、上料口、输送带等位置安装摄像头，操控室内能进行全方位监控管理。

5）拌合站安装调试完成后，地方管理机构对拌合站的称量设备进行标定校验，标定完成后进行验收，合格方可正常使用。

拌合站设计布置图如图 1.2-4 所示。

1.5.6 蒸汽供给设备

1. 蒸汽锅炉选用

为符合环保及节能要求，采用燃气锅炉，主要供给生产车间 PC 构件养护，兼顾冬季里车间、办公、宿舍取暖。

根据两条自动化 PC 生产线的设计产能，选择 6～10t 蒸汽锅炉。

燃气锅炉应采用技术性能良好的全自动燃烧器作为主要燃烧设备。燃烧器的燃烧程序由较先进的燃烧程序控制器控制，配以相应的水位控制器、压力调节器，实现高低水位指示、超压指示，保证水位在正常波动范围内，蒸汽压力在允许压力波动范围内。在水位极低，超压时实现保护性停止指示。

2. 蒸汽锅炉安装

1）安装前的准备工作

为了保证锅炉的顺利安装和运行，锅炉安装前必须做好以下工作：审核锅炉房布置图纸（图 1.5-8），并在现场与实际情况进行对照审查。如有不妥之处，要修改布置图。

图1.5-8 某厂区锅炉房布置图

检查核实安装公司的安装资质，组织相关安装人员进场，配备汽车吊、叉车等设备。

工厂安排专人监督管理锅炉的安装工作。需要司炉工一起参与锅炉安装，并配备管线工、钳工、起重工、铆工（冷作工）、电焊工及辅助工人。

锅炉安装单位必须具有上级主管部门颁发的锅炉安装资格证。安装前与当地锅炉监督管理机构联系，接受当地锅炉检验检测单位的安装监检。安装完成后，进行安装质量验收，按有关规定及时办理锅炉使用登记入户手续。

2）锅炉主机安装

锅炉混凝土基础达到强度后，在底座基础上，标出锅炉整体的三条基准线：纵向基准线（锅筒中心）、横向基准线、标高基准线。

锅炉主机搬运到安装地点后，应先校核锅炉中心线，是否与地基上划出的中心线相符合；水位表的正常水位是否水平；检查底座和地基之间是否严密，如有空隙加垫铁处理。

锅炉主机在卸车、起吊、安装时，应将钢丝绳端部的螺栓穿在炉体两端的吊环之上。切勿在其他位置固定起吊，以防止损坏锅炉。

起吊设备、绑扎所需的钢丝绳，须有足够的载重能力，并应符合规范要求。

3）辅机安装

燃烧机、给水泵安装初检合格后接通电源试车，检查电机转向是否正常、有无摩擦振动、电机温度是否正常。

安装烟囱时，在法兰间垫嵌石棉绳，吊垂线检查烟囱的垂直度。如有偏差可在法兰连接处垫平校正。拉线（钢丝绳）用法兰螺栓拉紧，要让三根钢丝绳的松紧程度大致相同。

根据当地环境和管理部门的要求，可以缩短或加高烟囱的高度。

4）电控柜的安装

电控柜应装在锅炉前方，方便察看锅炉上各个仪表。电控柜箱壳设置保护性接地。

5）管道、仪表阀门及附件的安装

按照管道仪表阀门设计图，安装固定给水泵，接通电源后试运行。

安全阀应在锅炉水压试验完成后安装，在初次点火时进行安全阀工作压力的调整。

安装压力表时，应将刻度盘面向锅炉前方。压力表安装前应进行校验并注明下次校验日期。压力表弯管禁止保温。

排污管接至排污箱，并应固定管道，防止排污时移位或发生烫伤事故。

锅炉燃烧器上留有"进气"阀管接口，将锅炉房中相应管道接上即可。

3. 蒸汽锅炉使用说明

使用前水压试验：锅炉管道、仪表、阀门安装检查和锅内检查完毕后，关闭人孔、手孔，然后按《锅炉安全技术监察规程》TSG G0001—2012的相关规定进行水压试验。

烘炉和煮炉：锅炉各零部件安装完毕，经检验和试运转后，证实各部件具备安全工作的条件，即可开始烘炉与煮炉。

烘炉方法及注意事项：

关闭上部人孔、下部手孔，主汽阀以及水位表泄水旋塞，开启安全阀，让锅炉内空气和蒸汽向外排出。

将已处理好的水注入锅炉内，进水温度一般不高于40℃，让锅炉水位升至水位表2/3

处，关闭给水阀门。待炉内水位稳定后，观察水位是否降低，并检查锅炉的手孔盖、法兰接触面及排污阀等是否有漏水现象。如有漏水应拧紧螺栓。

点击燃烧器电源开关后，点击启动按钮，控制系统电源接通，燃烧器进入工作状态。按照程序控制器的动作程序，先进行小火燃烧状态。如压力升高到 0.1MPa 以上，应立即开大排气阀放汽，水位下降应立即进水。

烘炉时，应注意升温速度不易过快，做到升温均匀。如果升温速度过快，会使炉内耐火材料开裂、变形、塌落，影响锅炉的安全运行。

煮炉注意事项：

煮炉时，锅炉内需加入适当的药品，使炉水成为碱性炉水，易去除油垢等污物。

关闭各部管座、主蒸汽阀座及水位表泄水阀。打开人孔，把配好的药物溶液一次倒入锅筒内，然后关闭人孔，开启安全阀，让炉内空气和水蒸气有向外排出的通道。

锅炉压力逐渐升高至 0.2MPa（2 个大气压）以下，水温低于 70℃后，开启排污阀，将污水全部放出。

待锅炉冷却后，开启人孔、手孔盖，用清水清洗锅炉内部，并进行检查。如发现仍有油污时，按上述办法再进行煮炉，直至锅炉内部没有油污为止。

煮炉完成后即可正常升火供汽。

1.5.7　称量设备

1. 汽车衡（地磅）选择原则
PC 构件厂地磅主要用于砂石原材料、水泥、粉煤灰以及钢筋原材的称重使用。

选择汽车衡应遵循经济耐用、维修方便的原则。

一般汽车衡的称量吨位为 150～200t，秤体长度为 20～30m。

2. 汽车衡配置
汽车衡标准配置主要由承重传力机构（秤体）、高精度称重传感器、称重显示仪表、称重专用软件四大主件组成，由此可完成汽车衡基本的称重功能。

汽车衡智能化系统通过配置红外线摄像监控、屏幕显示器等外围设备，完成数据的管理与传输，进行运载车辆的自动计量，实现电子汽车衡无人值守的自动称重管理。

汽车衡智能化系统布置图如图 1.5-9 所示。

3. 汽车衡选址、施工及安装
汽车衡的安装位置应有良好的排水通道，防止暴雨淹没地磅。

基础开挖：汽车衡基础地槽应挖至原始土层，确保地基承载力满足设计要求。汽车衡基础采用标号不低于 C30 混凝土。基础混凝土浇筑前应做好接地（接地电阻小于 4Ω）、预埋件以及排水管道安装工作。

预埋件安装过程：秤体结构放线→找准位置埋放埋件→检查调整→绑扎固定。

汽车衡基础混凝土强度达到设计强度后进行汽车衡安装，安装完毕后进行安装调校。

正式使用前须经地方技术监督局进行标定校称。

图 1.5-9 汽车衡智能化系统布置图

（a）汽车衡智能化系统侧面图；（b）汽车衡智能化系统平面图；

1.6 试验室建设与仪器

1.6.1 试验室规划、布置

1. PC 工厂试验室一般应具有混凝土室、砂石室、水泥室、外加剂室、养护室、力学性能室、特性室、样品室、资料室、办公室。如果有结构性能试验的要求，还需配备结构性能室，满足试验室验收和工厂资质申请的要求。试验室具体布置如图 1.6-1 所示。

2. 检测室的布置应结合现场实际进行布置，总的原则为满足试验环境要求，方便试验操作。检测室的环境条件是根据具体的试验项目要求而定，通常要求如下：

1）混凝土室：面积不小于 30m²，有温度要求。主要设备有混凝土搅拌机、混凝土振动台、凝结时间测定仪、泌水测定仪、坍落度筒、砂浆搅拌机、砂浆稠度检测仪、砂浆保水性测定仪、台秤等。

2）水泥室：面积不小于 15m²，有温度和湿度要求。主要设备有胶砂搅拌机、净浆搅拌机、胶砂振实台、胶砂跳桌、维勃稠度测定仪、安定性沸煮箱、雷氏夹测定仪、细度负压筛、凝结时间测定仪、水泥标准养护箱、比表面积测定仪、净浆加水器等。

3）力学性能室：面积不小于 30m²，有温度要求。主要设备有恒应力压力试验机、抗折试验机、万能材料试验机（10t、30t、60t）、钢筋标距仪、混凝土压力性能试验机、拉力试验机（或液压万能试验机）、锚固试验机、钢绞线专用夹具等。其他器具有游标卡尺、钢直尺、引伸计、洛氏硬度计等。

力学性能室	养护室	混凝土室	水泥室	外加剂室	砂石室	特性室	样品室	资料室	办公室	办公室
←				走	廊				→	

备注：1. 结构性能室根据需要，配置 5t 的电动葫芦或其他吊装设备。

2. 走廊满足恒温恒湿的要求。

图 1.6-1 试验室布置图

4) 养护室：面积不小于 15m^2，有温度和湿度要求。主要设备有温湿度控制仪、试件放置架等。

5) 外加剂室：面积不小于 15m^2，有温度要求。主要设备有比重计、滴定仪、酸度计等。

6) 砂石室：面积不小于 15m^2，主要设备有电热鼓风干燥箱、砂石摇筛机、砂石筛、针片状规准仪、天平、台秤等。

7) 特性室：面积不小于 15m^2，主要设备有混凝土抗渗仪、马波炉、混凝土早强养护箱等。

8) 结构性能室：根据试验项目而定，面积要适当大一些为好。

9) 样品室：面积不小于 15m^2。

10) 办公室与资料室：面积满足办公要求即可，至少可以保存 5 年试验资料。

1.6.2　试验仪器选型采购及常用仪器设备

1. 试验仪器选型采购

试验仪器选型要根据 PC 工厂的试验检测项目，充分考虑工厂以后的远景发展规划，进行初步选定。

选择邀请信誉好的仪器设备生产厂家进行公开竞标采购，选择性价比高的厂家为试验仪器供应商。仪器设备进场后，按照使用说明书、试验规程等的要求和操作步骤，由仪器设备供应方的专业人员对仪器设备进行安装与调试。要经当地具有标定及检定资质的计量机构检定合格，并取得检定或校准证书。

试验仪器采购的流程一般为：

1) 编制采购文件：详细列明所要购买的设备名称、型号、配置、安装要求及验收要求。

2) 招标采购：根据采购文件和标的大小，采用公开招标或询价招标的方式进行采购。择优确定生产厂家，签订采购合同。

3) 设备进场验收：按照采购文件和合同对进厂的试验设备进行验收。

4) 根据试验项目、规划布置和使用要求，确定设备的安装位置并进行安装。

5) 对要求进行强制检定的设备进行检定，对不要求强制检定的设备要进行自检。

6) 对检定合格的设备张贴"三色"标志：即准用（绿色）、限用（黄色）和停用（红色）标志。

7) 建立试验设备台账和档案，同时建立试验设备管理员卡片和使用记录制度。

2. 常用试验仪器设备（表 1.6-1）

PC 工厂试验仪器配置详例清单　　　　　　　　表 1.6-1

序号	仪器名称	规格型号	技术指标		数量
			行程	分度值	
1	全自动恒应力压力试验机	DYE-2000D	0～2000kN	0.1kN	1 台
2	抗折抗压一体机	SFK-300/10	0～10kN	0.1N	1 台
			0～300kN	0.01kN	

续表

序号	仪器名称	规格型号	技术指标		数量
			行程	分度值	数量
3	电液伺服万能材料试验机	WES-1000B	0～1000kN	0.1kN	1台
4	电子万能试验机	WDL-5	10N～50kN	0.01N	1台
5	电液伺服万能材料试验机	WES-300B	0～300kN	0.1kN	1台
6	全自动恒应力压力试验机	DYE-1000	0～1000kN	0.1kN	1台
7	全自动恒应力压力试验机	DYE-3000D	0～3000kN	0.1kN	1台
8	电动钢筋标距仪	BJ-5-10	5mm/10mm	1mm	1台
9	水泥胶砂搅拌机	JJ-5	/	/	1台
10	水泥稠和凝结时间度仪	ISO	0～70mm	1mm	1台
11	水泥净浆搅拌机	NJ-160	/	/	1台
12	雷氏夹测定仪	LD-15	±25mm	1mm	1台
13	水泥雷氏夹	LJ-175	/	/	12个
14	水泥胶砂振实台	ZT-96	/	/	1台
15	水泥胶砂流动度测定仪	NLD-3	/	/	1台
16	自动比表面积测定仪	FBT-9	/	/	1台
17	水泥自动标准养护水箱	TJSS-Ⅲ	/	1℃	1台
18	标准恒温恒湿养护箱	YH-40B	/	1℃	1台
19	水泥细度负压筛析仪	FSY-150B	0～10000Pa	200Pa	1台
20	雷氏沸煮箱	FZ-31A	0～100℃	1℃	1台
21	水泥游离氧化钙测定仪	CA-5	/	/	1台
22	水泥净浆流动锥	18～18S	/	/	1个
23	电子秤	BH-30	0～30kg	1g	1台
24	电子秤	TCS-100	0～100kg	5g	1台
25	电子天平	HZY-A220	0～220g	1mg	1台
26	电子天平	LCD-B3000	0～3000g	100mg	1台
27	电子天平	HZF-A3000	0～3000g	10mg	1台
28	电子天平	LCD-A1000	0～1000g	10mg	1台
29	电子天平	HZK-FA210	0～210g	0.1mg	1台
30	单卧轴强制式混凝土搅拌机	HJW-60	0～60L	/	1台

续表

序号	仪器名称	规格型号	技术指标		数量
			行程	分度值	
31	混凝土维勃稠度仪	VBR-1	/	/	1台
32	混凝土振动台	HZJ-A	/	/	1台
33	混凝土贯入阻力仪	HG-80	0～1200N	5N	1台
34	水泥砂浆稠度漏斗	/			1台
35	混凝土压力泌水仪	SY-2	0～6MPa	0.2MPa	1台
36	混凝土弹性模量测定仪	TM-2	/	0.001	1台
37	砂浆标准稠度仪	SZ-145	0～14.5cm	1mm	1台
38	混凝土动弹仪	DT-20	/	/	1台
39	氯离子含量快速测定仪	CL-5	1.0×10^{-1}～5.0×10^{-5} Mol/L	/	1台
40	低温试验箱	DWX-180-30	0～-30℃	± 1℃	1台
41	自动加压混凝土渗透仪	HP-4.0	0～4.9MPa	± 0.3FS	1台
42	钢筋锈蚀仪	PS-6	/	/	1台
43	混凝土钻心机	HZ-205F	/	/	1台
44	可调式电热板	ML-1.8-4	0～400℃	1℃	1台
45	可调电炉	2000W	/	/	1台
46	0.9mm 筛	ϕ300	/	/	1个
47	波梅氏比重计	/	/	/	5个
48	0.045mm 筛	ϕ150×25	/	/	4个
49	水泥留样桶	20×25	/	/	20个
50	震击式振摆仪	ZBSX-92A	/	/	1台
51	容量瓶	250ml	250ml	/	2个
52	箱式电阻炉	SX2-2.5-10	0～1000℃	1℃	1台
53	pH 计	PHS-25	0.00～14.00pH	± 0.05pH	1台
54	混凝土快速冻融试验机	DR-2F	-30～50℃	1℃	1台
55	游标卡尺	SF2000	0～300mm	0.01mm	1台
56	细集料亚甲蓝试验搅拌装置	YJL-3	/	/	1台
57	混凝土数字回弹仪	ZC3-T	0～100MPa	2MPa	1台

续表

序号	仪器名称	规格型号	技术指标 行程	数量 分度值	数量
58	针片状规准仪	/	/	/	1套
59	空气压塑机	ZB-0.11/7	/	/	1台
60	集料压碎指标测定仪	ϕ150mm	/	/	1套
61	千分表	/	0~1mm	0.001mm	1个
62	电热鼓风干燥箱	101-2	常温~250℃	1℃	1台
63	标准养护室自动控温控湿设备	BYS-60	/	/	1台
64	锈蚀仪模	95mm×30mm×30mm	/	/	1个
65	比长仪	ISOBY-160	/	0.001mm	1台
66	比长仪骨架	/	/	/	10个
67	水泥稠度试模	65mm×75mm×40mm	/	/	10个
68	混凝土含气量测定仪	CA-7	0~10%	0.10%	1台
69	回弹仪钢钻	GZ-II	/	/	1个
70	坍落度筒	/	/	/	4套
71	水泥抗压夹具	40mm×40mm	/	/	1个
72	水泥软练试模	40mm×40mm×160mm	/	/	10组
73	混凝土容积升	1~50L	/	/	1套
74	砂石漏斗	/	/	/	1套
75	新标准砂子筛	ϕ300	/	/	1套
76	新标准石子筛	ϕ300	/	/	1套
77	混凝土抗渗试模	175mm×185mm×150mm	/	/	24个
78	混凝土抗压试模	150m³	/	/	90个
79	混凝土抗压试模	100m³	/	/	30连
80	混凝土弹模试模	150mm×150mm×300mm	/	/	10个
81	混凝土抗折试模	150mm×150mm×550mm	/	/	10个
82	混凝土抗冻试模	100mm×100mm×400mm	/	/	12个
83	砂浆试模	70.7m³	/	/	20条
84	新标准砂	ISO	/	/	10袋
85	干燥器	ϕ210	/	/	1个

续表

序号	仪器名称	规格型号	技术指标		数量
			行程	分度值	数量
86	干锅钳	中号	/	/	1个
87	干锅	50ml	/	/	6个
88	甘汞电极	/	/	/	1个
89	玻璃电极	231	/	/	1个
90	复合电极	/	/	/	1个
91	千分表	/	0～1mm	0.001mm	1个
92	秒表	/	/	1/60s	1个
93	游标卡尺	/	0～300mm	0.02mm	1台
94	普通干湿温度计	/	−30～50℃	2℃	6个
95	高级干湿温度表	/	−50～70℃	0.1℃	4个
96	量筒	100、250、500ml	0～100ml、0～250ml、0～500ml	2ml	3个
97	量杯	1000、500、250ml	0～1000ml、0～500ml、0～250ml	2ml	3个

1.7 PC 工厂常规及关键试验

1.7.1 水泥、砂石料检测

1. 水泥试验检测

1）水泥细度检验

按照《水泥细度检验方法筛析法》GB/T 1345—2005 进行。采用 $45\mu m$ 方孔筛和 $80\mu m$ 方孔筛对水泥试样进行筛析试验，用筛上筛余物的质量百分数来表示水泥样品的细度。

负压筛析法：用负压筛析仪，通过负压源产生的恒定气流，在规定筛析时间内使试验筛内的水泥达到筛分。

水筛法：将试验筛放在水筛座上，用规定压力的水流，在规定时间内使试验筛内的水泥达到筛分。

手工筛析法：将试验筛放在接料盘（底盘）上，手工按照规定的拍打速度和转动角度，对水泥进行筛析试验。

负压筛析法、水筛法和手工筛析法测定的结果发生争议时，以负压筛析法为准。

2）标准稠度用水量、凝结时间、安定性检测水泥标准稠度用水量、凝结时间、安定性的检验按照《水泥标准稠度用水量、凝结时间、安定性检验方法》GB/T 1346—2011进行。

（1）标准稠度用水量

国家标准规定检验水泥的凝结时间和安定性时需用"标准稠度"的水泥净浆。"标准稠度"是水泥净浆拌水后的一个特定状态。

测定标准稠度的方法主要是使用贯入法测定。

影响标准稠度用水量的因素有矿物成分、细度、混合材料种类及掺量等。熟料矿物中C3A需水性最大，C2S需水性最小。水泥越细，比表面积愈大，需水量越大。

生产水泥时掺入需水性大的粉煤灰、沸石等混合材料，将使需水量明显增大。

（2）凝结时间

水泥从加水开始到失去塑性，即从可塑状态发展到固体状态所需的时间称为凝结时间。水泥凝结时间分初凝时间和终凝时间。

从水泥加水拌合至水泥浆开始失去塑性的时间称为初凝时间。

从水泥加水拌合至水泥浆完全失去塑性并开始产生强度的时间称为终凝时间。

国家标准规定，硅酸盐水泥的初凝时间不早于45min，终凝时间不迟于6.5h（390min）。

影响水泥凝结时间的因素主要有：熟料中C3A含量高，石膏掺量不足，使水泥快凝；水泥的细度越细，凝结愈快；水灰比愈小，凝结时的温度愈高，凝结愈快；混合材料掺量大，将延迟凝结时间。

水泥凝结时间的测定，是以标准稠度的水泥净浆，在规定温度和湿度下，用凝结时间测定仪来测定。

（3）安定性

水泥的安定性是指水泥在凝结硬化过程中体积变化的均匀程度，亦简称安定性。如果水泥在凝结硬化过程中产生均匀的体积变化，则为安定性合格，否则即为安定性不良。

水泥安定性不良会使水泥制品、混凝土构件产生膨胀性裂缝，降低建筑物质量，甚至引起严重工程事故。

水泥安定性不良的原因，是由于其熟料中含有过多的游离CaO或游离MgO，以及水泥粉磨时掺入过多石膏所致。

国家标准规定，由游离CaO引起的水泥体积安定性不良可用沸煮法（分试饼法和雷氏法）检测。在有争议时，以雷氏法为准。

（4）仪器设备

水泥净浆搅拌机、标准法维卡仪、代用法维卡仪、雷氏夹、沸煮箱、雷氏夹膨胀测定仪、量筒或滴定管、天平等。

3）水泥强度检测

（1）检验方法

本方法为40mm×40mm×160mm棱柱试体的水泥抗压强度和抗折强度测定。

试件是由按质量计的一份水泥、三份中国ISO标准砂，用0.5的水胶比拌制的一组塑性胶砂试件。使用中国ISO标准砂的水泥抗压强度结果必须与ISO基准砂的结果相一致。

胶砂用行星搅拌机搅拌，在振实台上成型。也可使用频率2800～3000次/min、振幅

0.75mm 振动台成型。

试件连模一起在湿气中养护 24h，然后脱模在水中养护至试验龄期。到试验龄期时将试件从水中取出，先进行抗折强度试验，折断后每部分再进行抗压强度试验。

（2）检测要求

检测要求：试件成型试验室的温度应保持在 20℃±2℃，相对湿度应不低于 50%。试件带模养护的养护箱或雾室温度保持在 20℃±1℃，相对湿度不低于 90%。

试件养护池水温度应在 20℃±1℃ 范围内。

试验室空气温度和相对湿度及养护池水温在工作期间每天至少记录一次。养护箱或雾室的温度与相对湿度至少每 4h 记录一次。

（3）检测设备：试验筛、搅拌机、试模、振实台、养护箱、抗折强度试验机、抗压强度试验机及抗压强度试验机用夹具等。

4）水泥其他检测

水泥比表面积检测、水泥密度检测、水泥胶砂流动度检测。

2. 砂检测

砂的样品缩分方法可用分料器、人工四分缩分法。

砂的检测试验有砂筛分析试验、砂的表观密度试验（标准方法）、砂的表观密度试验（简易法）、砂的吸水率试验、砂的堆积密度和紧密密度、砂的含水率（标准法）、砂的含水率试验（快速法）、砂的含泥量试验（标准法）、砂的含泥量试验（虹吸管法）、砂的泥块含量试验、砂中氯离子含量试验、人工砂及混合砂中石粉含量试验（亚甲蓝法）、人工砂压碎值指标试验。

3. 碎石或卵石检验

碎石或卵石的检验有筛分析试验、含水率试验、堆积密度和紧密密度试验、含泥量试验、泥块含量试验方法、针状和片状颗粒的总含量试验、坚固性试验、压碎指标值试验。

1.7.2 混凝土外加剂匀质性试验

混凝土外加剂匀质性试验有含固量、含水率、密度、pH 值、氯离子含量、水泥净浆流动度的检测。

1.7.3 矿物掺合料检测

矿物掺合料检测内容有胶砂需水量比、流动度比及活性指数等。

1.7.4 外加剂混凝土性能指标试验

采用《混凝土外加剂》GB 8076—2008 规定的水泥，符合《建设用砂》GB/T 14684—2011 中 Ⅱ 区要求的中砂，符合《建设用卵石、碎石》GB/T 14685—2011 要求的公称粒径为 5～20mm 的碎石或卵石。

采用单卧轴式强制搅拌机搅拌混凝土。外加剂为粉状时，将水泥、砂、石、外加剂一次投入搅拌机，干拌均匀，再加入拌合水，一起搅拌 2min。外加剂为液体时，将水泥、砂、石一次投入搅拌机，干拌均匀，再加入掺有外加剂的拌合水一起搅拌 2min。

出料后，在铁板上用人工翻拌至均匀，再行试验。混凝土试件制作及养护按《普通混凝土拌合物性能试验方法标准》GB/T 50080—2016 进行，按照规范要求养护后，进行各性能指标的测定。

1.7.5 混凝土试件制作、抗压与抗折试验

1. 混凝土试件制作

1）取样或拌制好的混凝土拌合物，至少用铁锹来回拌合三次。

2）用振动台振实制作试件

将混凝土拌合物一次装入试模，装料时应用抹刀沿各试模壁插捣，并使混凝土拌合物高出试模口。试模应附着在振动台上，振动时试模不得有任何跳动，振动应持续到表面出浆为止。不过振。

3）用人工插捣制作试件应按下述方法进行

混凝土拌合物应分两层装入模内，每层的装料厚度大致相等。插捣应按螺旋方向从边缘向中心均匀进行。在插捣底层混凝土时，捣棒应达到试模底部。插捣上层时，捣棒应贯穿上层后插入下层 20～30mm；插捣时捣棒应保持垂直，不得倾斜。然后应用抹刀沿试模内壁插拔数次；每层插捣次数按在 10000mm² 截面积内不得少于 12 次；插捣后应用橡皮锤轻轻敲击试模四周，直至插捣棒留下的孔洞消失为止。

2. 混凝土抗压强度试验

1）试验设备

混凝土立方体抗压强度试验所采用压力试验机应为一级精度。

混凝土强度等级≥C60 时，试件周围应设防崩裂网罩。当压力试验机上、下压板不符合《普通混凝土力学性能试验方法标准》GB/T 50081—2002 第 6.4.2 条规定时，压力试验机上、下压板与试件之间应各垫以符合标准要求的钢垫板。

2）强度值（代表值）的确定

三个试件测值的算术平均值作为该组试件的强度值（精确至 0.1MPa）；三个测值中的最大值或最小值中如有一个与中间值的差值超过中间值的 15% 时，则把最大及最小值一并舍除，取中间值作为该组试件的抗压强度值；如最大值和最小值与中间值的差均超过中间值的 15%，则该组试件的试验结果无效。

3）尺寸换算系数

混凝土强度等级＜C60 时，用非标准试件测得的强度值均应乘以尺寸换算系数，其值对 200mm×20mm×200mm 试件为 1.05，100mm×100mm×100mm 试件为 0.95。

当混凝土强度等级≥C60 时，宜采用标准试件。使用非标准试件时，尺寸换算系数应由试验确定。

3. 抗折强度试验

试验机应能施加均匀、连续、速度可控的荷载，并带有能使两个相等荷载同时作用在试件跨度 3 分点处的抗折试验装置。

试件的支座和加荷头应采用直径为 20～40mm、长度不小于 $b+10$mm 的硬钢圆柱，支座立脚点固定铰支，其他应为滚动支点。

当试件尺寸为 100mm×100mm×400mm 非标准试件时，应乘以尺寸换算系数 0.85；

当混凝土强度等级≥C60 时，宜采用标准试件；使用非标准试件时，尺寸换算系数应由试验确定。

1.7.6 钢筋及焊接接头试验

1. 钢筋试验方法

1）拉力试验

试验一般在室温 10～35℃ 范围内进行。

屈服点测定：可用指针法或图示法。

抗拉强度测量：试样拉至断裂，从测力度盘上读取最大力，或从拉伸曲线上确定试验过程中的最大力，也可以从微机控制直接测量。

断后伸长率的测定：试样拉断后，应将试样断裂部分仔细地配接在一起，使其轴线处于一直线上。如拉断处形成缝隙，则此缝隙应计入该试样拉断后的标距内。

断后标距 L_1 用直测法或移位法测量。应使用分辨力优于 0.1mm 的量具或测量装置测量断后标距 L_u，准确到 ±0.25mm。

2）冷弯试验

弯心直径、弯曲角度应符合相应标准规定。弯心直径一般应不大于试样的厚度或直径。

拉伸试验中出现下列情况之一者试验结果为无效：试样断在机械刻画的标记处或标距外；操作不当；试验记录有误或设备发生故障影响结果。

2. 焊接接头拉伸试验

针对电阻点焊、闪光对焊、电弧焊和预埋件埋弧压力焊的焊接接头，进行拉伸试验。

试验目的是测定焊接接头抗拉强度、观察断裂位置和断口特征，判定塑性断裂或脆性断裂。

根据钢筋的级别和直径，应选用适配的拉力试验机或万能试验机。试验机应符合现行国家标准《金属材料拉伸试验第 1 部分：室温试验方法》GB/T 228.1—2010 中的有关规定。

试验前，应选用适合于试样规格的夹紧装置，要求夹紧装置在拉伸过程中，始终将钢筋夹紧，并与钢筋间不产生相对滑移。

判定的标准是试样抗拉强度均不得小于该级别钢筋规定的抗拉强度。

3. 焊接接头弯曲试验

针对闪光对焊、窄间隙焊、气压焊的焊接接头进行弯曲试验。

试验目的是检验钢筋焊接接头承受规定弯曲角度的弯曲变形性能和可能存在的焊接缺陷。

试样受压面的金属毛刺和镦粗变形部位可用砂轮等工具加工，使之达到与母材外表齐平，其余部位可保持焊后状态（即焊态）。

弯曲试验可在压力机或万能试验机上进行。

进行弯曲试验时，试样应放在两支点上，并应使焊缝中心与压头中心线一致，应缓慢地对试样施加弯曲力，直至达到规定的弯曲角度或出现裂纹、破断为止。

在试验过程中，应采取安全措施，防止试样突然断裂伤人。

1.7.7　灌浆连接样品试验

1. 钢筋套筒接头制作与试验

每种型式、级别、规格、材料、工艺的钢筋连接灌浆接头，型式检验试件不应少于 9 个，同时应另取 3 根钢筋试件做抗拉强度试验。全部试件用钢筋均应在同一根钢筋上截取。截取钢筋的长度应满足检测设备的要求，在待连接钢筋上按设计锚固长度做检查标志。

接头灌浆完成后，制作不少于 3 组（每组 3 块）的灌浆材料抗压强度检测试块。

灌浆材料完全凝固后，取下接头试件，与灌浆材料抗压强度检测试块一起置于标准养护环境下养护 28d。保养到期后进行接头试验前，应先进行 1 组灌浆料抗压强度的试验，灌浆料抗压强度达到接头设计要求时方可进行接头型式检验。

若材料养护试件不足 28d 而灌浆料试块的抗压强度达到设计要求时，也可以进行接头型式检验。

2. 力学性能

灌浆套筒应与使用的灌浆料匹配使用，采用灌浆套筒连接钢筋接头的抗拉强度应符合《钢筋机械连接技术规程》JGJ 107—2016 中 I 级接头的规定。

2 游牧式 PC 工厂

2.1 游牧式 PC 工厂布置

游牧式工厂，也就是设在建筑工地上的 PC 构件预制厂。

由于是靠近建筑工地，具有运距近、投资少、布置灵活等诸多优点。在目前建筑施工中，一些超宽、超高的大型 PC 构件，通常在现场游牧式工厂预制生产。

2.1.1 设置原则

1. 根据预制构件数量以及施工进度计划，确定工厂规模，满足需要即可。

2. 工厂的地质条件应满足构件预制场地的承载力要求。其中预制台座、堆场对地基要求较高，应选择地质条件好或者易于改造的场地。

3. 根据施工工地上空余场地的大小，因地制宜、灵活多变地布设游牧式工厂，兼顾构件的临时存储。将预制构件的模台建在塔吊辐射范围内，可大大节省构件的转运成本。

4. 根据施工现场装配计划，进行构件的预制生产，尽可能随预制随养护随安装，减小临时堆场的存货量。

2.1.2 布置内容

游牧式预制工厂分为预制区、存放区、搅拌站（或采用商品混凝土）、钢筋制作区、仓库等不同区域。办公区与生活区可与其他区域协调布置。

2.2 PC 构件施工工艺

1. 长条形固定模位法

现场场地宽阔平整时，可采用长条形固定模位法（如长线台座）预制生产构件。现场实景图如图 2.2-1 所示。

每跨龙门吊下可设 2~4 条长条形固定模位，在跨中设车辆通道。龙门吊最大吊重不小于 10t，起吊高度不小于 9m，每个龙门吊设主副吊钩。龙门吊主要用于组装模板、安装钢筋网片、浇筑混凝土、起吊和装运构件。

龙门吊基础采用钢筋混凝土条形基础，龙门吊行走轨道采用 43 轨，并用专用轨道压片紧固。

构件成品存放区与构件预制区紧邻，以减少构件入库存放距离。

图 2.2-1 长线台座实景图

2. 方块状模台固定模位法

现场条件相对狭小、零碎，不宜采用长条形固定模位时，需要根据现场情况合理布设方块状固定模台。可采用龙门吊、汽车吊辅助进行模板组装、混凝土浇筑、构件吊运。现场实景如图 2.2-2 所示。

可灵活布设 PC 构件临时存放区。

3. 模台设计、养护及装运

采用定型钢模台或混凝土台座加贴钢板作为构件预制底模。

根据预制生产季节的不同、施工进度计划的安排，采用覆盖洒水、喷洒养护剂、养护罩蒸汽养生等不同的养护方式。

图 2.2-2 点状固定模台实景图

现场设移动式翻板机，满足外墙板、内墙板等薄板构件的起吊要求。

因场地内运输距离短，一般采用改装平板车进行构件的水平运输。

2.3 游牧式 PC 工厂平面布置

游牧式构件预制厂平面布置如图 2.3-1 所示。

图2.3-1　×××项目构件预制厂平面布置图

中篇 构件生产

3 准备工作

3.1 深化设计

3.1.1 前言

区别于传统建筑设计与施工（现浇）之间的流转模式，深化设计是在装配式建筑的设计基础上进行的二次设计，是预制生产、施工安装之前不可割舍的一个环节。

深化设计是将目前不甚完整的装配式建筑设计，进行更深层次地分解、细化，要具体到每一块墙板、叠合板、叠合梁、预制柱等 PC 构件生产与安装图纸。要绘制出总的构件平面布置图（即总装配图）、各种 PC 构件生产图（含钢筋布置图，灌浆套筒、保温连接器、线盒、水电暖气管线及预留孔洞、装饰装修预埋管道与挂点、构件起吊吊点、构件安装斜撑固定点等各专业预留预埋布置图），达到指导预制生产和现场装配施工的目的和要求。

就目前而言，可以运用 BIM（Building Information Modeling 建筑信息模型）技术，在 BIM 设计软件（例如 Autodesk Revit，下面均以欧特克的 Revit 为例，进行深化设计的说明）中将各个 PC 构件模拟组装成一层或整栋装配式建筑，再嵌入已经建好的整个楼层的水电气等诸多管线和预留预埋件的模型。然后将这些管线和预留预埋件投影到每个构件面上的合理深度位置，碰撞检查调整修改后，形成一张张完整的构件预制生产图。

预制车间就可以根据每个构件的预制生产图和总体装配图，制定构件的预制生产施工计划和构件的预制生产顺序，统筹安排 PC 构件的预制生产。

这些工作就是装配式建筑中的 PC 构件的深化设计。它即可以消弭装配式建筑设计和组装构件时不能察觉的错、碰、漏，弥补设计与施工之间的断层。也可以模拟进行现场装配，防止后期施工中的返工与切割修补。

深化设计是装配式建筑开工前的关键一环，是装配式设计与施工之间的桥梁与纽带。

3.1.2 准备工作

1. 人员配置、分工

由于装配整体式建筑设计与传统现浇建筑设计的最大区别在于建筑、结构、水电等各专业的高度融合、设计图纸的高度细化、与预制生产的高度紧密结合，所以组建的深化设计团队也要专业全面、配备齐全，并应满足 PC 工厂深化设计工作的需要。具体配置如下：

建筑专业设计工程师：1 人，负责建筑专业相关的图纸审核。

结构专业设计工程师：3 人，负责结构专业相关的图纸审核，进行各构件的结构设计。汇总各专业相关的深化图纸，绘制出生产图纸。

给水排水专业设计工程师：1 人，负责给水排水专业相关的图纸审核，并在构件的深化图纸上对相关预留预埋结构进行定位，绘制出详图。

暖通专业设计工程师：1 人，负责暖通专业相关的图纸审核，并在构件的深化图纸上对相关预留预埋结构进行定位，绘制出详图。

电气专业设计工程师：1 人，负责有关强电弱电专业相关的图纸审核，并在构件的深化图纸上对相关预留预埋结构进行定位，绘制出详图。

BIM 建模工程师：2 人，负责绘制建筑物的建筑（Architecture）、结构（Structure）、设备（MEP）模型，以及综合模型的碰撞检查。同时完成该项目参建各方的其他要求，如：设计优化模拟、现场装配模拟、3D 模拟、4D 模拟、5D 模拟等。

深化设计小组有一名设计负责人。

2. 硬件与软件介绍与配置

1）硬件配置

当前深化设计中应用的 BIM 软件因为要进行大量的布尔运算，对电脑的硬件配置要求较高，推荐最低配置：Intel Core i5/8GB DDR3 内存/独立显卡（2G 显存）/500GB（5200 转），Win7 64 位操作系统。

如果需要进行较为复杂的建筑模型构建，建议使用更高性能的 BIM 工作站。

当前流行的硬件、软件配置详见表 3.1-1、表 3.1-2。

BIM 工作站硬件配置表

表 3.1-1

电　脑	主要配置	数量
戴尔 Precision T7610 工作站	CPU：Inter（R）XeonCPUE5-2603 v2、内存：32GB、显卡：2× NVIDIA Quadro K5000（2×4GB）	2 台
戴尔 Precision M6800 移动工作站	CPU：酷睿 i7-4900MQ、内存：16GB、显卡：NVIDIA Quadro K4100M（4GB）	2 台
其他	不低于推荐配置	14 台

BIM 工作站软件配置表

表 3.1-2

软件名称	版　本	软件功能
Revit	2016	模型制作、工程量统计、3D/4D/5D 演示
Navisworks Manage	2016	碰撞检查、模拟施工、漫游、动画制作
PKPM	PKPM2010_v2.2	结构计算
AutoCAD	2016	图纸处理
3DMAX	2016	动画渲染

2）目前国外 BIM 软件介绍

（1）欧特克公司（Autodesk）的 Auto CAD/Revit/Navisworks Manage 等系列软件，是目前最常用的 BIM 软件，被广泛应用于工业设计与制造业、工程建设行业、传媒娱乐业。在设计、制图及数据管理中，拥有业界领先的三维设计解决方案。该软件模拟精度很高，完全满足当前的建筑设计需要。但软件运行对电脑内存要求很高。

（2）奔特力公司（Bentley）系列软件。Bentley 产品在工厂设计（石油、化工、电力、医药等）和基础设施（道路、桥梁、市政、水利等）领域有无可争辩的优势。

（3）内梅切克公司（Nemetschek）的 ArchiCAD/AllPLAN/ VectorWorks 系列软件，是最早的一个具有市场影响力的 BIM 核心建模软件。Nemetschek 的另外两个产品，All-PLAN 主要市场在德语区，Vector Works 则是其在美国市场使用的产品名称。

ArchiCAD 软件在建筑专业设计中可以做得很好。Nemetschek 公司于 2007 年收购 Graphisoft ArchiCAD。ArchiCAD 对电脑内存要求不高。

（4）达索公司（Dassault）的 CATIA 系列软件，是全球最高端的机械设计制造软件，在航空、航天、汽车等领域具有接近垄断的市场地位。

3）国内 BIM 软件介绍

（1）广联达已经建立起了由建筑 GCL、钢筋 GGJ、机电 GQI 或 MagiCAD（2014 年收购）、场地 GSL、全专业 BIM 模型集成平台——BIM5D 等软件组成的全过程 BIM 应用系统。

广联达通过 GFC（Glodon Foundation Class）接口，实现了 BIM5D 中 Revit 数据的单向导入，快速对接算量软件。

（2）鲁班研发了鲁班土建、鲁班钢筋、安装、施工、总体等一系列 BIM 软件。鲁班通过 luban trans-revit 接口，实现鲁班软件中 Revit 数据的导入。

（3）PKPM 结构应用简便，各种需要的数据自动读取，生成计算结果直接输出，设计过程和计算过程能很好地结合。

（4）目前，国内最早实现算量全过程应用的是柏慕进业 1.0～2.0BIM 标准化应用系统。

3. 深化设计依据

深化设计的依据有两个：一个是现行设计规程、标准、图集等资料；一个是设计单位提供的经过审图办审核盖章通过的整套施工图纸。

在进行深化设计前，应对现行的相关规程、标准、图集等进行了解，必要时应组织培训学习。除此之外，还应对行业内流通的拉结件、连接件、辅助件等各种配件产品的种类、性能等参数有所了解。

深化设计涉及的相关规程、标准、图集，见表 3.1-3。

3.1.3 深化设计流程

一般有两种深化设计的组织形式：一是预制生产企业组织自己的研发设计人员进行深化设计，然后将深化设计成果报请原设计单位审核确认后使用；二是委托原设计院或其他具有深化设计能力的公司进行深化设计。

相关规程、标准、图集清单　　　　　　　　　表 3.1-3

序号	名　　称	编　　号
1	装配式混凝土结构技术规程	JGJ 1—2014
2	钢筋机械连接技术规程	JGJ 107—2016
3	钢筋连接用灌浆套筒	JG/T 398—2012
4	钢筋连接用套筒灌浆料	JG/T 408—2013
5	钢筋套筒灌浆连接应用技术规程	JGJ 355—2015
6	建筑工程施工质量验收统一标准	GB 50300—2013
7	混凝土结构工程施工质量验收规范	GB 50204—2015
8	混凝土结构设计规范（2015 版）	GB 50010—2010
9	国家建筑标准设计图集	15GXXX（共计九本）

　　设计单位提供的一套经过审图办审核盖章通过的正规施工图纸应包含内容，见表 3.1-4。

施工图纸清单　　　　　　　　　　　　表 3.1-4

序号	图纸名称	图纸签发
1	总目录	会签
2	建筑施工图	设计院资质章、图审章、注册建筑师资质章、会签
3	结构施工图	设计院资质章、图审章、注册结构师资质章、会签
4	给水排水施工图	设计院资质章、图审章、会签
5	电气施工图	设计院资质章、图审章、会签
6	设备施工图	设计院资质章、图审章、会签
7	装配式专项说明	设计院资质章、图审章、注册结构师资质章、会签

　　在此，我们详细介绍应用 BIM 软件辅助进行深化设计的流程。

　　在建模之前，应建立符合企业自身情况的 BIM 标准。比如：软硬件标准、数据管理标准、族库标准、建模标准、命名标准、出图标准等，来规范各个专业的设计。

1. 建立辅助件族库

　　根据构件所需要各类辅助件类型、各供应商的产品参数创建各类辅助件模型，如：水电管线、各种线盒、桁架钢筋、钢筋连接套筒、三明治墙板拉结件、构件吊点、斜支撑等各类族库（图 3.1-1）。

　　一个族文件中还包含一个或多个更小的族文件"嵌套族"，例如钢筋连接套筒中的灌浆管。

　　根据水电管线、线盒、桁架筋、套筒等各类辅助件的尺寸绘制 3D 模型，将同类型的模型放置在同一个族库中。每个模型命名原则为"名称＋型号"，如：钢筋套筒 GTB4-16-A。详见图 3.1-2、图 3.1-3。

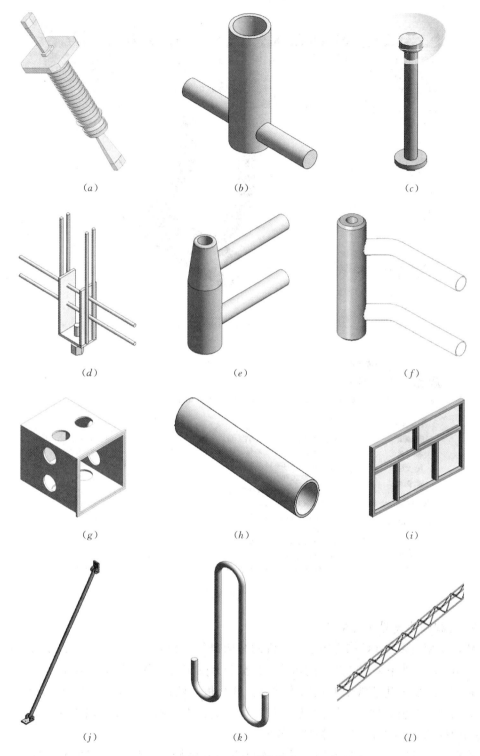

图 3.1-1　辅助件族库

（a）Thermomass 保温连接器；（b）内螺旋吊件；（c）圆头吊钉；
（d）外挂墙板连接件；（e）铸铁灌浆套筒 GTB4-12-A（带注浆管）；（f）钢制灌浆套筒 GT12（带注浆管）；
（g）86 线盒；（h）PVC 线管；（i）窗户；（j）斜支撑；（k）U 形吊环；（l）A80 桁架钢筋

图 3.1-2　铸铁灌浆套筒模型（含灌浆管）

图 3.1-3　铸铁灌浆套筒族库

2. 绘制构件模型（构件族）

建筑模型由多种 PC 构件组成，构件的结构也各不相同，尺寸不一。为了方便深化设计，在 Revit 软件中采用"族"的形式，根据现有图集建立各类的构件族库。

目前，装配式建筑常用的预制构件有：叠合板、楼梯、内墙（实心墙、夹心墙）、外墙（剪力墙、非剪力墙）、外挂墙板、柱、梁、空调板、阳台、女儿墙等（图 3.1-4）。在建筑物建模前，需要建立以上构件的族库。

在深化设计阶段，优先使用构件族库已有的构件族。如果没有满足要求的可选构件族，就可以进行编辑修改较为接近的已有构件族，或者创建新的构件族文件，并将新构件族加入到相应的族库中。

族库的建立和完善，将使得建模工作越来越快捷。随着装配式建筑标准化设计工作的逐渐进步，预制构件的标准化设计也将成为现实，那时构件的种类将会逐步固定下来，将会更适合工业化生产。

(a-1)　　　　　　　　　　　　　　　(a-2)

(b-1)　　　　　　　　　　　　　　　(b-2)

(c-1)　　　　　　　　　　　　　　　(c-2)

图 3.1-4　常用装配混凝土建筑 PC 构件（一）

(a-1) 双向叠合板；(a-2) 双向叠合板透视图；(b-1) 楼梯；
(b-2) 楼梯透视图；(c-1) 剪力墙板；(c-2) 剪力墙板透视图

(d-1)　　　　　　　　　　　　　　　(d-2)

(e)　　　　　　　　　　　　　　　(f)

(g)　　　　　　　　　　　　　　　(h)

(i)　　　　　　　　　　　　　　　(j)

图 3.1-4　常用装配混凝土建筑 PC 构件（二）

(d-1) 非剪力墙外墙板；(d-2) 非剪力墙外墙板透视图；(e) 内墙板；
(f) 女儿墙；(g) 雨棚；(h) 空调板；(i) 叠合梁；(j) 预制柱

3. 建立标准层的各专业模型

由于施工阶段可暂时不考虑建筑做法，所以在深化设计过程中，不用建立 Revit Architecture（建筑）模型。

根据结构施工图，绘制组合 Revit Structure（结构）模型（图 3.1-5、图 3.1-6），再根据电气、给水排水、设备、消防、避雷等各专业施工图，绘制标准层的 Revit MEP 中的机械、电气、给水排水（图 3.1-7）等模型。

在深化设计过程中，应考虑到在施工过程中辅助结构的空间位置，在结构模型中嵌入辅助结构模型，并确定相应预埋件的准确坐标。

辅助结构包括：塔吊和电梯附着、测量孔、临时通道、吊装平台、外挂架、叠合板竖向支撑、内外墙斜向支撑（图 3.1-8）、现浇部分模板固定件等。

4. 组合碰撞

将已建成的各个专业 Revit 模型组合嵌入一个完整的建筑模型，导入 Navisworks Manage 中进行碰撞检查。软件会显示出碰撞位置、相互碰撞的项目 ID 和坐标（图 3.1-9）。

图 3.1-5　标准层结构模型（未盖叠合板）

图 3.1-6　标准层结构模型（已盖叠合板）

图 3.1-7　整栋楼给水排水模型（局部）

图 3.1-8　加入斜向支撑的外墙板模型

(a)

图 3.1-9　碰撞检查（一）

(a) 碰撞测试 1；

(b)

名称	碰撞1
距离	-0.032m
说明	硬碰撞
状态	新建
碰撞点	10.330m. -6.397m. 2.419m
网格位置	C-8 : 1F
创建日期	2016/3/17 07:51:36

项目 1

元素 ID	565488
图层	1F
项目 名称	带配件的电缆桥架
项目 类型	实体

项目 2

元素 ID	697558
图层	1F
项目 名称	热水系统_钢管
项目 类型	线

(c)

名称	碰撞2
距离	-0.011m
说明	硬碰撞
状态	新建
碰撞点	-3.776m. -6.016m. 2.600m
网格位置	C-4 : 1F
创建日期	2016/3/17 07:54:18

项目 1

元素 ID	571056
图层	1F
项目 名称	电视分支器箱
项目 类型	实体

项目 2

元素 ID	965633
图层	1F
项目 名称	供热供水_镀锌钢管
项目 类型	线

(d)

图 3.1-9 碰撞检查（二）

(b) 碰撞测试 2；(c) 电缆桥架与热水管碰撞；

(d) 电视分支器箱与热水管碰撞

根据 Navisworks Manage 生成的碰撞报告，进行详细碰撞分析，确定必须调整的硬性碰撞。对于轻微碰撞，有调整空间的也应予以调整，消除碰撞。然后返回到 Revit 模型中，对可调的硬性碰撞点进行逐个修改调整。

设计过程中的结构、钢筋、管线、预埋件之间存在的碰撞，在传统二维图纸中是不易发现的，但在应用 BIM 技术后能够非常轻易地发现，可以减少施工中由此造成不必要的返工。

如叠合板与墙板之间的预留筋，经常存在碰撞现象（图 3.1-10）。不采用 BIM 技术进行碰撞优化调整，叠合板安装进度会大大降低。

图 3.1-10 叠合板与墙板预留钢筋碰撞设计优化（局部）
（a）优化前碰撞检查；（b）优化后的检查核实

碰撞检查的另一个重点是：建立辅助结构模型，模拟进行安装。找出碰撞位置后，优化调整，确定辅助结构的精确坐标。进而绘制出辅助结构布置详图，用于指导现场安装。

例如：根据模拟安装时的墙板斜支撑碰撞报告，调整斜支撑二端固定点的坐标，改变其几何位置和走向，达到相互避让的目的（图 3.1-11）。

（a）

（b）

图 3.1-11　墙板斜支撑碰撞设计优化
（a）优化前碰撞检查；（b）优化后的检查核实

5. 优化后再次碰撞

BIM 工程师根据 Navisworks Manage 发现模型中的碰撞点，用 Revit 软件对结构、机电（电气、给水排水、消防、弱电等）等模型进行调整优化，然后再次把调整后的模型导入 Navisworks Manage 进行碰撞测试。

有些碰撞是可以忽略的，比如：预留预埋、管线接头等嵌入类型的结构，就没必要修改。虽然往往会显示为碰撞点。

碰撞检查与优化调整是一个反复进行的过程，通过这样不断优化模型和碰撞检测，就可以实现理想状态下的"零"碰撞。

6. 出图

运用 BIM 技术对建筑模型进行反复的碰撞测试和修改，最终经过建筑模型"零"碰撞检测合格后，利用 Revit 软件导出每个构件的 CAD 图纸，然后再使用 CAD 软件进行调整出图（图 3.1-12）。

也可绘出 PC 构件 3D 图、平面图、立面图、剖面图、钢筋布置图、预埋件布置图和节点大样图、综合管线图等施工图。达到三维技术交底、指导构件预制生产、装配安装的目的。

7. 开模

PC 构件生产图经复核无误后，进行开模，即模具的设计与制造。

模具设计需要考虑以下因素：①模具的尺寸应符合《装配式混凝土结构技术规程》JGJ 1—2014 以及地方标准的相关要求；②模具的刚度应满足至少 200 次以上循环使用；③模具表面的平整度应满足验收标准要求；④模具的安装拆卸应安全、方便；⑤应在满足生产工艺要求基础上进行模具设计，如三明治外墙板有"正打"和"反打"之分，所以模具设计时有"正打"、"反打"两种不同的模具设计。

图 3.1-12　构件生产图纸

8. 试生产与验证

在正式生产前应进行试生产，深化设计等相关人员应参与进来。检查深化设计是否合理，并仔细研究是否有需要改进的地方。

同时，通过试生产可以检查模具的可操作性，通过模具的优化修整，可以提高 PC 构件的生产效率。

通过试生产的构件，经检测，满足设计要求及验收标准后，方可正式批量生产。

3.1.4　构件加工图例

1）空调板加工图（图 3.1-13）；

2）双向叠合板加工图（图 3.1-14）；

3）楼梯板加工图（图 3.1-15）；

4）内墙板加工图（图 3.1-16）；

5）剪力墙外墙板加工图（图 3.1-17）。

图 3.1-13　空调板加工图（局部）

图3.1-14　双向叠合板加工图（局部）

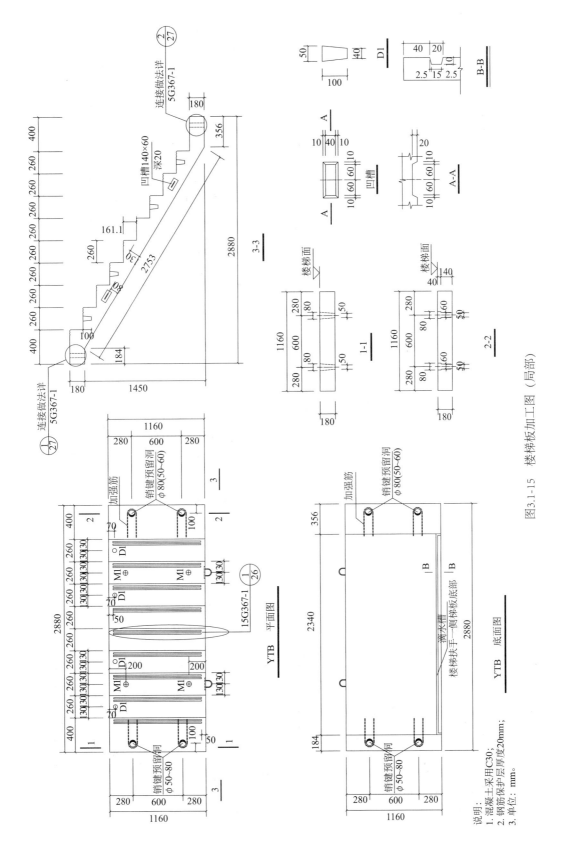

图3.1-15 楼梯板加工图（局部）

说明：
1. 混凝土采用C30；
2. 钢筋保护层厚度20mm；
3. 单位：mm。

图3.1-16　内墙板加工图（局部）

图3.1-17 剪力墙外墙板加工图（局部）

3.2 材料准备

3.2.1 混凝土原材料及配合比

1. 水泥

水泥品种是根据配合比的要求进行选择，水泥生产厂家应提供营业执照、质量保证体系证明文件、生产许可证等文件。

水泥进厂时应提供水泥合格证，带 3 天强度的水泥检测报告（28d 强度后补）和随货同行单据等资料文件。并按《水泥取样方法》GB/T 12573—2008 抽样检测和封样备检。

1) 通用硅酸盐水泥化学指标应符合表 3.2-1 规定。

通用硅酸盐水泥化学指标（％）　　　　　　　表 3.2-1

品　种	代号	不溶物	烧失量	三氧化硫	氧化镁	氯离子
硅酸盐水泥	P·I	≤0.75	≤3.0	≤3.5	≤5.0ᵃ	≤0.06ᶜ
	P·II	≤1.50	≤3.5			
普通硅酸盐水泥	P·O	—	≤5.0			
矿渣硅酸盐水泥	P·S·A	—	—	≤4.0	≤6.0ᵇ	
	P·S·B	—	—		—	
火山灰质硅酸盐水泥	P·P	—	—	≤3.5	≤6.0ᵇ	
粉煤灰硅酸盐水泥	P·F	—	—			
复合硅酸盐水泥	P·C	—	—			

注：a 如果水泥压蒸试验合格，则水泥中氧化镁的含量（质量分数）允许放宽至 6.0％。

b 如果水泥中氧化镁的含量（质量分数）大于 6.0％时，需进行水泥压蒸安定性试验并合格。

c 当有更低要求时，该指标由买卖双方协商确定。

2) 物理指标

（1）凝结时间：硅酸盐水泥初凝不小于 45min，终凝时间不大于 390min；普通硅酸盐水泥、矿渣硅酸盐水泥、火山灰质硅酸盐水泥、粉煤灰硅酸盐水泥和复合硅酸盐水泥初凝不小于 45min，终凝不大于 600min。

（2）安定性：沸煮法，合格。

（3）强度：不同品种不同强度等级的硅酸盐水泥，其不同龄期的强度应符合表 3.2-2 的规定。

（4）细度（选择性指标）：硅酸盐水泥和普通硅酸盐水泥的细度以比表面积表示，其比表面积不小于 $300m^2/kg$；矿渣硅酸盐水泥、火山灰质硅酸盐水泥、粉煤灰硅酸盐水泥和复合硅酸盐水泥的细度以筛余表示，其 $80\mu m$ 方孔筛筛余不大于 10％或 $45\mu m$ 方孔筛筛余不大于 30％。

通用硅酸盐水泥强度指标要求（MPa）　表 3.2-2

品　种	强度等级	抗压强度		抗折强度	
		3d	28d	3d	28d
硅酸盐水泥	42.5	≥17.0	≥42.5	≥3.5	≥6.5
	42.5R	≥22.0		≥4.0	
	52.5	≥23.0	≥52.5	≥4.0	≥7.0
	52.5R	≥27.0		≥5.0	
	62.5	≥28.0	≥62.5	≥5.0	≥8.0
	62.5R	≥32.0		≥5.5	
普通硅酸盐水泥	42.5	≥17.0	≥42.5	≥3.5	≥6.5
	42.5R	≥22.0		≥4.0	
	52.5	≥23.0	≥52.5	≥4.0	≥7.0
	52.5R	≥27.0		≥5.0	
矿渣硅酸盐水泥 火山灰硅酸盐水泥 粉煤灰硅酸盐水泥 复合硅酸盐水泥	32.5	≥10.0	≥32.5	≥2.5	≥5.5
	32.5R	≥15.0		≥3.5	
	42.5	≥15.0	≥42.5	≥3.5	≥6.5
	42.5R	≥19.0		≥4.0	
	52.5	≥21.0	≥52.5	≥4.0	≥7.0
	52.5R	≥23.0		≥4.5	

（5）碱含量（选择性指标）：水泥中碱含量按 $Na_2O+0.658K_2O$ 计算值表示。若使用活性骨料，要求提供低碱水泥时，水泥中的碱含量应不大于 0.60%。

（6）作为混凝土预制构件生产，要求早期强度高，一般应选择硅酸盐水泥或者普通硅酸盐水泥。有条件的企业可以根据生产实验要求定制专门用于构件生产的水泥。

2. 砂、碎石

（1）供货单位应提供砂或碎石的产品合格证或质量检验报告。

使用单位应按砂或碎石的同产地同规格分批验收。采用大型工具（如火车、货船、汽车）运输的，应以 $400m^3$ 或 600t 为一验收批；采用小型工具（如拖拉机等）运输的，应以 $200m^3$ 或 300t 为一验收批。不足上述数量者，应按验收批进行验收。

（2）每验收批砂石至少应进行颗粒级配、含泥量、泥块含量检验。对于碎石或卵石，还应检验针片状颗粒含量；对于海砂或有氯离子污染的砂，应检验其氯离子含量；对于海砂，应检验贝壳含量；对于人工砂及混合砂，应检验石粉含量。对于重要工程或特殊工程，应根据工程要求增加检测项目。对其他指标的合格性有怀疑时，应予以检验。

（3）当砂或碎石的质量比较稳定、进料量又较大时，可以 1000t 为一验收批。

（4）当使用新产源的砂或碎石时，供货单位应进行全面的检验。

（5）使用单位的质量检验报告内容应包括：委托单位、样品编号、工程名称、样品产地、类别、代表数量、检测依据、检测条件、检测项目、检测结果、结论等。

（6）砂或碎石的数量验收，可按质量计算，也可按体积计算。测定质量，可用汽车地量衡或船舶吃水线为依据。测定体积，可按车皮或船舶的容积为依据。采用其他小型工具运输时，可按量方确定。

（7）砂或碎石在运输、装卸和堆放过程中，应防颗粒离析和混入杂质，并应按产地、种类和规格分别堆放。碎石或卵石的堆料高度不宜超过 5m，对于单粒级或最大粒径不超过 20mm 的连续粒级，其堆料高度可增加到 10m。

1）砂

（1）砂的粗细程度按细度模数 μf，分为粗、中、细、特细四级，其中粗砂：$\mu f = 3.7 \sim 3.1$；中砂：$\mu f = 3.0 \sim 2.3$；细砂：$\mu f = 2.2 \sim 1.6$；特细砂：$\mu f = 1.5 \sim 0.7$。

配制混凝土时宜优先选用Ⅱ区砂（表 3.2-3）。当采用Ⅰ区砂时，应提高砂率，并保持足够的水泥用量，满足混凝土的和易性；当采用Ⅲ区砂时，宜适当降低砂率；当采用特细砂时，应符合相应的规定。配制泵送混凝土，宜选用中砂。

砂颗粒级配区　　　　　　　　　　表 3.2-3

累计筛余(%) 级配区 \ 公称直径	Ⅰ区	Ⅱ区	Ⅲ区
5.00mm	10～0	10～0	10～0
2.50mm	35～5	25～0	15～0
1.25mm	65～35	50～10	25～0
630μm	85～71	70～41	40～16
315μm	95～80	92～70	85～55
160μm	100～90	100～90	100～90

（2）天然砂中含泥量应符合表 3.2-4 的规定。

天然砂中含泥量　　　　　　　　　　表 3.2-4

混凝土强度等级	≥C60	C55～C30	≤C25
含泥量（按质量计%）	≤2.0	≤3.0	≤5.0

有抗冻、抗渗或其他特殊要求的小于或等于 C25 混凝土用砂，其含泥量应不大于 3.0%。

（3）砂中的泥块含量应符合表 3.2-5 的规定。

砂中的泥块含量　　　　　　　　　　表 3.2-5

混凝土强度等级	≥C60	C55～C30	≤C25
泥块含量（按质量计%）	≤0.5	≤1.0	≤2.0

有抗冻、抗渗或其他特殊要求的小于或等于 C25 混凝土用砂，其泥块含量不应大于 1.0%。

（4）人工砂或混合砂中石粉含量应符合表 3.2-6 的规定：

人工砂或混合砂中石粉含量　　　　　　　　　　表 3.2-6

混凝土强度等级		≥C60	C55～C30	≤C25
石粉含量（%）	MB<1.4（合格）	≤5.0	≤7.0	≤10.0
	MB≥1.4（不合格）	≤2.0	≤3.0	≤5.0

（5）砂的坚固性应采用硫酸钠溶液检验，试样经 5 次循环后，其质量损失应符合表 3.2-7 的规定。

砂的坚固性指标　　　　　　　　　　表 3.2-7

混凝土所处的环境条件及其性能要求	5 次循环后的质量损失（%）
在严寒及寒冷地区室外使用并经常处于潮湿或干湿交替状态下的混凝土，对于有抗疲劳、耐磨、抗冲击要求的混凝土 有腐蚀介质作用或经常处于水位变化区的地下结构混凝土	≤8
其他条件下使用的混凝土	≤10

（6）人工砂的总压碎值指标应小于 30%。

（7）当砂中含有云母、轻物质、有机物、硫化物及硫酸盐等有害物质时，其含量应符合表 3.2-8 的规定。

砂中的有害物质限值　　　　　　　　　　表 3.2-8

项　目	质量指标
云母含量（按质量计，%）	≤2.0
轻物质含量（按质量计，%）	≤1.0
硫化物及硫酸盐含量（折算成 SO_3 按质量计，%）	≤1.0
有机物含量（用比色法试验）	颜色不应深于标准色，当颜色深于标准色时，应按水泥胶砂强度试验方法进行强度对比试验，抗压强度比不应低于 0.95

对于有抗冻、抗渗要求的混凝土，其中云母含量不应大于 1.0%。

当砂中含有颗粒状的硫酸盐或硫化物杂质时，应进行专门检验，确认能满足混凝土耐久性要求后，方能采用。

（8）对于长期处于潮湿环境的重要混凝土结构用砂，应采用砂浆棒（快速法）或砂浆长度法进行骨料的碱活性检验。经上述检验判断为有潜在危害时，应控制混凝土中的碱活性检验。经上述检验判断为有潜在危害时，应控制混凝土中的碱含量不超过 3kg/m³，或采用能抑制碱—骨料反应的有效措施。

（9）砂中氯离子含量应符合下列规定：

①对于钢筋混凝土用砂，其氯离子含量不得大于 0.06％（以干砂的质量百分率计）。

②对于预应力混凝土用砂，其氯离子含量不得大于 0.02％（以干砂的质量百分率计）。

（10）海砂中贝壳含量应符合表 3.2-9 的规定。

海砂中贝壳含量　　　　　　　　　　　　　　　表 3.2-9

混凝土强度等级	≥C40	C35～C30	C25～C15
贝壳含量（按质量计,%）	≤C3	≤5	≤8

对于有抗冻、抗渗或其他特殊要求的小于或等于 C25 混凝土用砂，其贝壳含量不应大于 5％。

（11）应严格限制砂的含泥量和泥块含量，也应严格限制能引起混凝土收缩的砂杂质的量。特别是用机制砂生产混凝土时，石粉含量一定要控制好。

2）石子

（1）石子的级配应符合表 3.2-10 的规定。

碎石或卵石的颗粒级配范围　　　　　　　　　表 3.2-10

级配情况	公称粒级（mm）	累计筛余，按质量计（%）											
		方孔筛筛孔边长尺寸（mm）											
		2.36	4.75	9.5	16.0	19.0	26.5	31.5	37.5	53.0	63.0	75.0	90
连续粒级	5～10	95～100	80～100	0～15	0	—	—	—	—	—	—	—	—
	5～16	95～100	85～100	30～60	0～10	0	—	—	—	—	—	—	—
	5～20	95～100	90～100	40～80	—	0～10	0	—	—	—	—	—	—
	5～25	95～100	90～100	—	30～70	—	0～5	0	—	—	—	—	—
	5～31.5	95～100	90～100	70～90	—	15～45	—	0～5	0	—	—	—	—
	5～40	—	95～100	70～90	—	30～65	—	—	0～5	0	—	—	—
单粒级	10～20	—	95～100	85～100	—	0～15	0	—	—	—	—	—	—
	16～31.5	—	95～100	—	85～100	—	—	0～10	0	—	—	—	—
	20～40	—	—	95～100	—	80～100	—	—	0～10	0	—	—	—
	31.5～63	—	—	—	95～100	—	—	75～100	45～75	—	0～10	0	—
	40～80	—	—	—	—	95～100	—	—	70～100	—	30～60	0～10	0

（2）碎石或卵石中针、片状颗粒含量应符合表 3.2-11 的规定。

针、片状颗粒含量　　　　　　　　　　　　　　表 3.2-11

混凝土强度等级	≥C60	C55～C30	≤C25
针、片状颗粒含量（按质量计,%）	≤8	≤15	≤25

（3）碎石或卵石中的含泥量应符合表 3.2-12 的规定。

碎石或卵石中的含泥量　　　　　　　　　表 3.2-12

混凝土强度等级	≥C60	C55～C30	≤C25
含泥量（按质量计，%）	≤0.5	≤1.0	≤2.0

对于有抗冻、抗渗或其他特殊要求的混凝土，其所用碎石或卵石的含泥量不应大于1.0%。当碎石或卵石的含泥是非黏土质的石粉时，其含泥量可由表 3.2-12 的 0.5%、1.0%、2.0%，分别提高到 1.0%、1.5%、3.0%。

（4）碎石或卵石中的泥块含量应符合表 3.2-13 的规定。

碎石或卵石中的泥块含量　　　　　　　　表 3.2-13

混凝土强度等级	≥C60	C55～C30	≤C25
泥块含量（按质量计，%）	≤0.2	≤0.5	≤0.7

对于有抗冻、抗渗和其他特殊要求的强度等级小于 C30 的混凝土，其所用碎石或卵石中泥块含量应不大于 0.5%。

（5）碎石的强度可用岩石的抗压强度和压碎值指标表示。岩石的抗压强度应比所配制的混凝土强度至少高 20%。当混凝土强度等级大于或等于 C60 时，应进行岩石抗压强度检验。

岩石强度首先应由生产单位提供，工程中可采用压碎值指标进行质量控制。碎石的压碎值指标宜符合表 3.2-14 的规定。

碎石的压碎值指标　　　　　　　　　　　表 3.2-14

岩石品种	混凝土强度等级	碎石压碎值指标（%）
沉积岩	C60～C40	≤10
	≤C35	≤16
变质岩或深成的火成岩	C60～C4O	≤12
	≤C35	≤20
喷出的火成岩	C60～C40	≤13
	≤C35	≤30

注：沉积岩包括石灰岩、砂岩等。变质岩包括片麻岩、石英岩等。深成的火成岩包括花岗岩、正长岩、闪长岩和橄榄岩等。喷出的火成岩包括玄武岩和辉绿岩等。

卵石强度可用压碎值指标表示。其压碎值指标宜符合表 3.2-15 的规定。

卵石的压碎值指标　　　　　　　　　　　表 3.2-15

混凝土强度等级	C60～C40	≤C35
压碎值指标（%）	≤12	≤16

（6）碎石和卵石的坚固性应用硫酸钠溶液法检验，试样经 5 次循环后，其质量损失应符合表 3.2-16 的规定。

碎石或卵石的坚固性指标 表 3.2-16

混凝土所处的环境条件及其性能要求	5 次循环后的质量损失（%）
在严寒及寒冷地区室外使用，并经常处于潮湿或干湿交替状态下的混凝土；有腐蚀性介质作用或经常处于水位变化区的地下结构或有抗疲劳、耐磨、抗冲击等要求的混凝土	≤8
在其他条件下使用的混凝土	≤12

（7）碎石或卵石中的硫化物和硫酸盐含量以及卵石中有机物等有害物质含量，应符合表 3.2-17 的规定。

碎石或卵石中的有害物质含量 表 3.2-17

项　　目	质量要求
硫化物及硫酸盐含量（折算成 SO_3，按质量计，%）	≤1.0
卵石中有机物含量（用比色法试验）	颜色应不深于标准色。当颜色深于标准色时，应配制成混凝土进行强度对比试验，抗压强度比应不低于 0.95

当碎石或卵石中含有颗粒状硫酸盐或硫化物杂质时，应进行专门检验，确认能满足混凝土耐久性要求后，方可采用。

（8）对于长期处于潮湿环境的重要结构混凝土，碎石或卵石应进行碱活性检验。

进行碱活性检验时，首先应采用岩相法检验碱活性骨料的品种、类型和数量。当检验出骨料中含有活性二氧化硅时，应采用快速砂浆法和砂浆长度法进行碱活性检验；当检验出骨料中含有活性碳酸盐时，应采用岩石柱法进行碱活性检验。

经上述检验，当判定骨料存在潜在碱—碳酸盐反应危害时，不宜用作混凝土骨料；否则，应通过专门的混凝土试验，做最后评定。

当判定骨料存在潜在碱—硅反应危害时，应控制混凝土中的碱含量不超过 $3kg/m^3$，或采用能抑制碱—骨料反应的有效措施。

3. 混凝土拌合用水

1）混凝土拌合用水水质要求应符合下表 3.2-18 中的要求，对于设计使用年限为 100 年的结构混凝土，氯离子含量不得超过 500mg/L；对使用钢丝或经热处理钢筋的预应力混凝土，氯离子含量不得超过 350mg/L。

混凝土拌合用水水质要求 表 3.2-18

项　　目	预应力混凝土	钢筋混凝土	素混凝土
pH 值	≥5.0	≥4.5	≥4.5
不溶物（mg/L）	≤2000	≤2000	≤5000

项　目	预应力混凝土	钢筋混凝土	素混凝土
可溶物（mg/L）	≤2000	≤5000	≤10000
Cl^-（mg/L）	≤500	≤1000	≤3500
SO_4^{2-}（mg/L）	≤600	≤2000	≤2700
碱含量（mg/L）	≤1500	≤1500	≤1500

注：碱含量按 $Na_2O+0.658K_2O$ 计算值来表示。采用非碱活性骨料时，可不检验碱含量。

2）地表水、地下水、再生水的放射性应符合现行国家标准《生活饮用水卫生标准》GB 5749—2006 的规定。

3）被检验水样应与饮用水样进行水泥凝结时间对比试验。对比试验的水泥初凝时间差及终凝时间差均不应大于 30min；同时，初凝和终凝时间应符合现行国家标准《通用硅酸盐水泥》GB 175—2007 的规定。

4）被检验水样应与饮用水样进行水泥胶砂强度对比试验，被检验水样配制的水泥胶砂 3d 和 28d 强度不应低于饮用水配制的水泥胶砂 3d 和 28d 强度的 90%。

5）混凝土拌合用水不应有漂浮明显的油脂和泡沫，不应有明显的颜色和异味。

6）混凝土企业设备洗刷水不宜用于预应力混凝土、装饰混凝土、加气混凝土和暴露于腐蚀环境的混凝土；不得用于使用碱活性或潜在碱活性骨料的混凝土。

7）未经处理的海水严禁用于钢筋混凝土和预应力混凝土。

8）在无法获得水源的情况下，海水可用于素混凝土，但不宜用于装饰混凝土。

9）作为日常经验，只要是能饮用的水，都是能作为混凝土的生产用水。

10）拌合用水取样

（1）水质检验水样不应少于 5L；用于测定水泥凝结时间和胶砂强度的水样不应少于 3L。

（2）采集水样的容器应无污染；容器应用待采集水样冲洗三次再灌装，并应密封待用。

（3）地表水宜在水域中心部位、距水面 100mm 以下采集，并应记载季节、气候、雨量和周边环境的情况。

（4）地下水应在放水冲洗管道后接取，或直接用容器采集；不得将地下水积存于地表后再从中采集。

（5）再生水应在取水管道终端接取。

（6）混凝土企业设备洗刷水应沉淀后，在池中距水面 100mm 以下采集。

11）检验期限和频率

（1）水样检验期限应符合下列要求：

水质全部项目检验宜在取样后 7d 内完成；放射性检验、水泥凝结时间检验和水泥胶砂强度成型宜在取样后 10d 内完成。

（2）地表水、地下水和再生水的放射性应在使用前检验；当有可靠资料证明无放射性污染时，可不检验。

（3）地表水、地下水、再生水和混凝土企业设备洗刷水在使用前应进行检验。

12）在使用期间，检验频率宜符合下列要求：

（1）地表水每 6 个月检验一次。

（2）地下水每年检验一次。

（3）再生水每 3 个月检验一次；在质量稳定一年后，可每 6 个月检验一次。

（4）混凝土企业设备洗刷水每 3 个月检验一次；在质量稳定一年后，可一年检验一次。

（5）当发现水受到污染和对混凝土性能有影响时，应立即检验。

13）结果评定

（1）符合现行国家标准《生活饮用水卫生标准》GB 5749—2006 要求的饮用水，可不经检验作为混凝土用水。

（2）符合《混凝土用水标准》JGJ 63 中 3.1 节要求的水，可作为混凝土拌合用水；符合 3.2 节要求的水，可作为混凝土养护用水。

（3）当水泥凝结时间和水泥胶砂强度的检验不满足要求时，应重新加倍抽样复检一次。

4. 外加剂

1）对于预制构件的生产，一般应选用高减水的早强型外加剂，特别应注意的是：

（1）凝结时间要短，利于构件早期强度的发挥。

（2）必须给构件留出一定的操作加工时间，以便于构件生产成型。

因其相关的特殊要求，外加剂应进行特殊定制以满足生产要求。

2）匀质性指标

外加剂的匀质性是表示外加剂自身质量稳定均匀的性能，用来控制产品生产质量的稳定、统一、均匀，用来检验产品质量和质量仲裁（表 3.2-19）。

匀质性指标　　　　　　　　　　　表 3.2-19

项　目	指　标
氯离子含量（%）	不超过生产厂控制值
总碱量（%）	不超过生产厂控制值
含固量（%）	$S>25\%$时，应控制在 $0.95S\sim1.05S$；$S\leqslant25\%$时，应控制在 $0.90S\sim1.10S$
含水率（%）	$W>5\%$时，应控制在 $0.90W\sim1.10W$；$W\leqslant5\%$时，应控制在 $0.80W\sim1.20W$
密度（g/cm³）	$D>1.1$时，应控制在 $D\pm0.03$；$D\leqslant1.1$时，应控制在 $D\pm0.02$
细度	应在生产厂控制范围内
pH 值	应在生产厂控制范围内
硫酸钠含量（%）	不超过生产厂控制值

注：1. 生产厂应在相关的技术资料中明示产品匀质性指标的控制值；

2. 对相同和不同批次之间的匀质性和等效性的其他要求，可由供需双方商定；

3. 表中的 S、W 和 D 分别为含固量、含水率和密度的生产厂控制值。

3）掺外加剂混凝土的性能指标

掺外加剂混凝土的性能指标应符合现行国家标准《混凝土外加剂》GB 8076—2008 表1 中的要求。

4）外加剂取样及批号

（1）点样和混合样：点样是在一次生产产品时所取得的一个试样。混合样是三个或更多的点样等量均匀混合而取得的试样。

（2）批号：生产厂应根据产量和生产设备条件，将产品分批编号。掺量大于1%（含1%）同品种的外加剂每一批号为100t，掺量小于1%的外加剂每一批号为50t。不足100t 或50t 的也应按一个批量计，同一批号的产品必须混合均匀。

取样数量：每一批号取样量不少于0.2t 水泥所需用的外加剂量。

5）外加剂试样及留样

每一批号取样应充分混匀，分为两等份，其中一份按表1 和表2 规定的项目进行试验，另一份密封保存半年，以备有疑问时，提交国家指定的检验机关进行复验或仲裁。

6）外加剂判定规则

出厂检验判定：型式检验报告在有效期内，且出厂检验结构符合表2 的要求，可判定为该批产品检验合格。

型式检验判定：产品经检验，匀质性检验结果符合表2 的要求；各种类型外加剂受检混凝土性能指标中，高性能减水剂及泵送剂的减水率和坍落度的经时变化量、其他减水剂的减水率、缓凝型外加剂的凝结时间差、引气型外加剂的含气量及其经时变化量、硬化混凝土的各项性能符合表1 的要求，则判定该批号外加剂合格。如不符合上述要求时，则判定该批号外加剂不合格。其余项目可作为参考指标。

7）外加剂复验

复验以封存样进行。如使用单位要求现场取样，应事先在供货合同中规定，并在生产和使用单位人员在场的情况下于现场取混合样，复验按照型式检验项目检验。

5. 粉煤灰

混凝土用粉煤灰应满足表3.2-20 中的要求。

拌制混凝土用粉煤灰技术要求　　　　　　表3.2-20

项　目		技术要求		
		Ⅰ级	Ⅱ级	Ⅲ级
细度（45μm 方孔筛筛余），不大于（%）	F 类粉煤灰	12.0	25.0	45.0
	C 类粉煤灰			
需水量比，不大于（%）	F 类粉煤灰	95	105	115
	C 类粉煤灰			
烧失量，不大于（%）	F 类粉煤灰	5.0	8.0	15.0
	C 类粉煤灰			

续表

项　目		技术要求		
		Ⅰ级	Ⅱ级	Ⅲ级
含水量，不大于（%）	F类粉煤灰	1.0		
	C类粉煤灰			
三氧化硫，不大于（%）	F类粉煤灰	3.0		
	C类粉煤灰			
游离氧化钙，不大于（%）	F类粉煤灰	1.0		
	C类粉煤灰	4.0		
安定性，不大于（%）	C类粉煤灰	5.0		

6. 矿粉

1）混凝土用粒化高炉矿渣粉应符合表 3.2-21 中的要求。

2）矿物掺合料应按批进行检验，供应单位应出具出厂合格证或出厂检验报告。检验报告的内容包括：厂名、合格证或检验报告编号、级别、生产日期、代表数量及本批检验结果和结论等，并应定期提供型式检验报告。

粒化高炉矿渣粉技术要求　　　　　　　　　表 3.2-21

项　目			级　别		
			S105	S95	S75
密度（g/cm³）		≥	2.8		
比表面积（m²/kg）		≥	500	400	300
活性指数（%）	7d	≥	95	75	55
	28d	≥	105	95	75
流动度比（%）		≥	95		
含水量（%）		≤	1.0		
烧失量（%）		≤	3.0		

注：当掺加石膏或其他助磨剂时，应在报告中注明其种类及掺量。

3）取样应符合下列规定

（1）散装矿物掺合料：应从同一批次任一罐体的三个不同部位各取等量试样一份，每份不少于 5.0kg，混合搅拌均匀，用四分法缩取比试验需要量大一倍的试样量；

（2）袋装矿物掺合料：应从每批中任抽 10 袋，从每袋中各取等量试样一份，每份不少于 1.0kg，按上款规定的方法缩取试样。

4）矿物掺合料进场检验项目、组批条件及批量应符合表 3.2-22 中的要求。

矿物掺合料进场检验标准　　　　　　　　表 3.2-22

序号	矿物掺合料名称	检验项目	验收组批条件及批量	检验项目的依据及要求
1	粉煤灰	细度、需水量比、烧失量、安定性（C类粉煤灰）	同一厂家、相同级别、连续供应200t（不足200t，按一批计）	《用于水泥和混凝土中的粉煤灰》GB/T 1596—2005
2	粒化高炉矿渣粉	比表面积、流动度比、活性指数	同一厂家、相同级别、连续供应500t（不足500t，按一批计）	《用于水泥和混凝土中的粒化高炉矿渣粉》GB/T 18046—2008

5）矿物掺合料的验收规则应符合下列规定：

（1）矿物掺合料的验收按批进行，符合检验项目规定技术要求的可以使用。

（2）当检验项目不符合规定要求时，应降级使用或按不合格品处理。

7. 普通混凝土配合比设计

1）基本原则

（1）满足施工和易性要求。

（2）满足结构设计及施工进度的强度要求。

（3）满足工程所处环境对混凝土耐久性的设计要求。

（4）经济性要求：经济合理，降低混凝土的成本。

2）准备工作

为保证混凝土配合比设计得合理、适用，在混凝土配合比设计前应做好如下的资料收集准备工作：

（1）要求的混凝土强度等级及耐久性设计等级。

（2）掌握工程概况、特点及技术要求（如：环境条件、结构尺寸、钢筋间距、施工是否有特殊要求等）。

（3）根据混凝土的技术要求、根据当地的实际情况选择各种原材料，并掌握各种原材料必要的技术性能指标及质量、价格的可能波动情况。

（4）掌握施工工艺（是否泵送、自密实混凝土、浇筑高度、振捣方法及结构物的钢筋布置等）及确定到施工现场混凝土的和易性指标、运输距离或运输时间。

（5）掌握季节、天气和使用的环境条件：如春、夏、秋、冬及风、雨、霜、雪、温湿度和使用环境是否有侵蚀介质等。

（6）掌握本企业的生产工艺条件、设备类型、人员素质、现场管理水平和质量控制水平等。

（7）了解施工队伍的技术、管理和操作水平等情况；必要时了解施工单位混凝土的养护方法：如自然养护、蒸汽养护、压蒸养护等。

（8）了解施工部位在混凝土质量验收评定中采用的评定方法是统计法还是非统计法，以便合理的确定所设计混凝土的标准差和试配强度。

（9）掌握当地用于配制混凝土的材料资源，了解国家相关免税政策，搞好资源综合利用。

3）三个参数

混凝土的配合比设计，实际上就是单位体积混凝土拌合物中水泥、矿物掺合料、粗骨料、细骨料、外加剂和水等主要材料用量的确定，反应各材料用量间关系的三个主要技术参数，即水胶比（W/C）、砂率和单位用水量一旦确定，混凝土配合比也就确定了。

（1）水胶比（W/B）

水胶比是指单位体积的混凝土拌合物中，水与胶凝材料用量的重量之比。水胶比对混凝土强度和耐久性起着决定作用，因此水胶比的确定主要取决于混凝土的强度和耐久性。

另外水胶比的大小也决定了水泥浆的稀稠，因此对混凝土拌合物的黏聚性、保水性及可泵性等也起着非常重要的作用。

一般情况下水胶比越小，强度越高，耐久性越好。但由强度和耐久性分别决定的水灰比往往是不同的，此时应取较小的水胶比以便同时满足强度和耐久性的要求。但在强度和耐久性都能满足的情况下，水胶比应取较大者。

（2）砂率

砂率是指混凝土中砂的质量与砂、石总质量的百分比。

合理确定砂率，就是要求能够使砂、石、水泥浆互相填充，保证混凝土的流动性、黏聚性、保水性等，混凝土达到最大密实度，又能使水泥用量降为最少用量。

影响砂率的因素很多，如石子的形状（卵石砂率较小、碎石砂率较大）、粒径大小（粒径大者砂率较小、粒径小者砂率较大）、空隙率（空隙率大者砂率较大、空隙率小者砂率较小）、水灰比等。

另外当骨料总量一定时，砂率过小，则用砂量不足，混凝土拌合物的流动性就差，易离析、泌水。在水泥浆量一定的条件下，砂率过大，则砂的总表面积增大，包裹砂子的水泥浆层太薄，砂粒间的摩擦阻力加大，混凝土拌合物的流动性变差。若砂率不足，就会出现离析、水泥浆流失。因此，砂率的确定，除进行计算外，还需进行必要的试验调整，从而确定最佳砂率，即单位用水量和水泥用量减到最少而混凝土拌合物具有最大的流动性，且能保持黏聚性和保水性能良好的砂率称为最佳砂率。

（3）单位用水量（浆骨比）

单位用水量是指每立方米混凝土中用水量的多少，是直接影响混凝土拌合物流动性大小的重要因素。

单位用水量在水胶比和水泥用量不变的情况下，实际反映的是水泥浆的数量和骨料用量的比例关系，即浆骨比。水泥浆量要满足包裹粗、细骨料表面并保持一定的厚度，以满足流动性的要求，但用水量过大不但会降低混凝土的耐久性，也会影响混凝土拌合物的和易性。

4）基本步骤

每个国家混凝土配合比设计的方法不尽相同，但最终都以满足混凝土设计、施工要求为目的。配比设计的基本步骤一般分三个步骤。

（1）根据所选用原材料的性能指标及混凝土设计、施工技术性能指标的要求，通过理论计算或经验得出一个计算配合比，也称为"理论经验配合比"或"初步配合比"；

（2）将计算配合比经试配与调整，确定出满足和易性要求的试拌配合比；

（3）根据试拌配合比确定供强度检验用配合比，并根据试配强度和湿表观密度调整得出满足设计、施工要求的实验室配合比。根据砂、石的含水率、液体外加剂的含固量及实验室配合比可确定预拌混凝土的"生产配合比"。

5）基本规定

（1）混凝土配合比设计应满足混凝土配制强度及其他力学性能、拌合物性能、长期性能和耐久性能的设计要求。

混凝土拌合物性能、力学性能和耐久性能的试验方法应分别符合现行国家标准《普通混凝土拌合物性能试验方法标准》GB/T 50080—2016、《普通混凝土力学性能试验方法标准》GB/T 50081—2002 和《普通混凝土长期性能和耐久性能试验方法标准》GB/T 50082—2009 的规定。混凝土试配应采用强制式搅拌机进行搅拌，并应符合现行行业标准《混凝土试验用搅拌机》JG 244—2009 的规定，搅拌方法宜与施工采用的方法相同。

（2）配合比设计所采用的细骨料含水率应小于 0.5%，粗骨料含水率应小于 0.2%。每盘混凝土试配的最小搅拌量应根据粗骨料最大粒径选定，粗骨料最大粒径≤31.5mm 时，拌合物数量不少于 20L；粗骨料最大粒径 40mm 时，拌合物数量不少于 25L。采用机械搅拌时，其搅拌量不应小于搅拌机额定搅拌量的 1/4 且不大于搅拌机公称容量。

（3）混凝土的最大水胶比应符合《混凝土结构设计规范》GB 50010—2010 的规定（当掺加外加剂且外加剂为液体时，此时的水胶比为混凝土外加拌合水量和液体外加剂中所含水量之总用水量与胶凝材料用量的比值）。

（4）矿物掺合料在混凝土中的掺量应通过试验确定。采用硅酸盐水泥或普通硅酸盐水泥时，钢筋混凝土中矿物掺合料最大掺量宜符合表 3.2-23 的规定；预应力混凝土中矿物掺合料最大掺量宜符合表 3.2-24 的规定。对基础大体积混凝土，粉煤灰、粒化高炉矿渣粉和复合掺合料的最大掺量可增加 5%。采用掺量大于 30% 的 C 类粉煤灰的混凝土应以实际使用的水泥和粉煤灰的掺量进行安定性检验。

钢筋混凝土中矿物掺合料最大掺量 表 3.2-23

矿物掺合料种类	水胶比	最大掺量（%）	
		采用硅酸盐水泥时	采用普通硅酸盐水泥时
粉煤灰	≤0.40	45	35
	>0.40	40	30
粒化高炉矿渣粉	≤0.40	65	55
	>0.40	55	45
钢渣粉	—	30	20
磷渣粉	—	30	20
硅灰	—	10	10
复合掺合料	≤0.40	65	55
	>0.40	55	45

注：1. 采用其他通用硅酸盐水泥时，宜将水泥混合材 20% 以上的混合材计入矿物掺合料；

2. 复合掺合料各组分的掺量不宜超过单掺时的最大掺量；

3. 在混合使用两种或两种以上矿物掺合料时，矿物掺合料总量应符合表中复合掺合料的规定。

预应力混凝土中矿物掺合料最大掺量　　　　表 3.2-24

矿物掺合料种类	水胶比	最大掺量（%）	
		采用硅酸盐水泥时	采用普通硅酸盐水泥时
粉煤灰	≤0.40	35	30
	>0.40	25	20
粒化高炉矿渣粉	≤0.40	55	45
	>0.40	45	35
钢渣粉	—	20	10
磷渣粉	—	20	10
硅灰	—	10	10
复合掺合料	≤0.40	55	45
	>0.40	45	35

注：1. 采用其他通用硅酸盐水泥时，宜将水泥混合材 20% 以上的混合材计入矿物掺合料；

2. 复合掺合料各组分的掺量不宜超过单掺时的最大掺量；

3. 在混合使用两种或两种以上矿物掺合料时，矿物掺合料总量应符合表中复合掺合料的规定。

（5）混凝土拌合物中水溶性氯离子最大含量应符合表 3.2-25 的规定。其测试方法应符合现行行业标准《水运工程混凝土试验规程》JTJ 270—1998 中混凝土拌合物中氯离子含量的快速测定方法的规定。

混凝土拌合物中水溶性氯离子最大含量　　　　表 3.2-25

环境条件	水溶性氯离子最大含量（%，水泥用量的质量百分比）		
	钢筋混凝土	预应力混凝土	素混凝土
干燥环境	0.30	0.06	1.00
潮湿但不含氯离子的环境	0.20		
潮湿且含氯离子的环境、盐渍土环境	0.10		
除冰盐等侵蚀性物质的腐蚀环境	0.06		

（6）长期处于潮湿或水位变动的寒冷和严寒环境以及盐冻环境的混凝土应掺用引气剂。引气剂掺量应根据混凝土含气量要求经试验确定；混凝土最小含气量应符合表 3.2-26 的规定，最大不宜超过 7%。

混凝土最小含气量　　　　表 3.2-26

粗骨料最大公称粒径（mm）	混凝土最小含气量（%）	
	潮湿或水位变动的寒冷和严寒环境	盐冻环境
40	4.5	5.0
25	5.0	5.5
20	5.5	6.0

注：含气量为气体占混凝土体积的百分比。

（7）对于有预防混凝土碱骨料反应设计要求的工程，混凝土中最大碱含量不应大于 $3.0kg/m^3$；对于矿物掺合料碱含量，粉煤灰碱含量可取实测值的 $1/6$，粒化高炉矿渣粉碱含量可取实测值的 $1/2$。

6）确定计算配合比

先根据试配强度，进行水胶比的确定，然后确定用水量和外加剂用量、胶凝材料用量、外加剂用量、掺合料用量及水泥用量，再用质量法或体积法确定砂率、粗、细骨料用量。最终确定计算（初步）配合比。

7）确定试拌配合比

（1）和易性试配与调整

通过理论计算或经验确定的计算配合比首先要进行试配，其目的是通过按混凝土初步配合比试拌混凝土，看混凝土是否能够满足施工和易性的要求。按计算配合比计算出各试配材料的用量进行试拌，并进行混凝土拌合物相应各项技术性能的检测，如果混凝土拌合物的各项技术性能全都满足设计、施工的要求，则不需要调整，即可将计算配合比作为试拌配合比；如果混凝土拌合物的技术性能不能满足设计、施工的要求时，应根据具体的情况进行分析，调整相应的技术参数，直至混凝土拌合物的各项技术性能全部满足设计、施工的要求为止。

混凝土拌合物和易性的调整可按计算出的试配材料用量，依照试验方法进行试拌，搅拌均匀后立即测定坍落度并观察黏聚性和保水性。如果混凝土拌合物和易性坍落度不符合设计、施工要求时，通常情况下可根据检测的结果作如下调整：

①当坍落度值比设计要求值小或大时，可在保持水灰比不变的情况下增加水泥浆量或减少水泥浆量（即同时增加水和水泥用量或同时减少水和水泥用量），普通混凝土每增、减 10mm 坍落度，约需增、减 $3\% \sim 5\%$ 的水泥浆量；当坍落度值比设计要求值小或大时，亦可在保持砂率不变的情况下，同时减少或增加粗、细骨料的用量来达到坍落度要求；当坍落度值比设计要求值小或大时，亦可通过增加和减少具有减水作用外加剂的掺量达到调整坍落度的目的，坍落度小时增加外加剂掺量，坍落度大时减少外加剂掺量。

②当混凝土拌合物黏聚性、保水性差时，可在其他材料用量不变的情况下，适当增大砂率（保持砂、石总量不变，增加砂子用量，相应减少石子用量）；通过改变砂率也不能改善混凝土拌合物黏聚性、保水性差时，要分析原因，如果是因为砂子过粗或者过细造成拌合物黏聚性、保水性差，就需要调整砂子的级配；如果是因为石子的级配不好造成拌合物黏聚性、保水性差，就需要调整石子的级配；如果是因为砂子中小于 $300\mu m$ 的颗粒太少造成拌合物黏聚性、保水性差，就要适当补充这部分颗粒；如果是因为胶凝材料用量少且坍落度又较大的原因造成黏聚性、保水性差时，可降低水胶比、增加胶凝材料的用量，也可适当增加一些增稠的材料，以提高其黏聚性、保水性。

③有时候也可能因为外加剂的对水泥、砂子中含泥量（尤其对聚羧酸系高性能减水剂）等的适应性不好造成混凝土拌合物和易性不良，此时就需要更换材料或者和外加剂生产厂家合作调整外加剂配方解决。

（2）试拌配合比

在计算配合比的基础上进行试拌，计算水胶比宜保持不变，根据和易性的具体情况，调整配合比中相关参数，使混凝土拌合物性能符合设计和施工要求后，根据调整的参数修正计算配合比，确定试拌配合比。

8) 确定设计配合比

(1) 强度试配

①检验强度配合比的确定

在试拌配合比的基础上，确定检验强度配合比时，应采用三个不同的配合比，其中一个应为确定的试拌配合比，另外两个配合比的水胶比宜较试拌配合比分别增加和减少0.05，用水量应与试拌配合比相同，砂率可分别增加和减少1%。

②按检验强度配合比计算出各材料的用量进行试拌，如果混凝土拌合物性能均符合设计和施工要求，则进行混凝土强度及要求的耐久性试验；如果另外两个配比的混凝土拌合物性能不符合设计和施工要求，还要适当进行调整以便使拌合物和易性满足设计和施工要求（一般只要调整一下砂率即可）。

③进行混凝土强度试验时，每种配合比至少应制作一组试件，并应标准养护到28d或设计强度要求的龄期时试压；此时如果有耐久性要求时还应进行耐久性试件的制作、养护和试验。

(2) 调整、确定设计配合比

①配合比调整应符合下述规定：

根据混凝土强度试验结果，绘制强度和胶水比的线性关系图，用图解法或插值法求出略大于配制强度的胶水比（当外加剂为液体时，此时也可以采用实际的胶水比作为确定强度的胶水比，实际的胶水比即胶凝材料与外加用水量和液体外加剂中所含水量之总用水量的比值，但最终确定的配合比与不考虑液体外加剂的胶水比的差别不大）；

在强度检验配合比试拌的基础上，用水量（m_w）和外加剂用量（m_a）应根据确定的胶水比作调整；

胶凝材料用量（m_b）应以用水量乘以图解法或插值法求出的胶水比计算得出；

粗骨料和细骨料用量（m_g 和 m_s）应在用水量和胶凝材料用量调整的基础上，进行调整。

②混凝土拌合物表观密度和配合比校正系数的计算

配合比调整后的混凝土拌合物的表观密度应按下式计算：

$$\rho_{c,c}=m_c+m_f+m_g+m_s+m_a+m_w$$

式中 $\rho_{c,c}$——混凝土拌合物表观密度计算值（kg/m³）；

m_c——每立方米混凝土的水泥用量（kg/m³）；

m_f——每立方米混凝土的矿物掺合料用量（kg/m³）；

m_g——每立方米混凝土的粗骨料用量（kg/m³）；

m_s——每立方米混凝土的细骨料用量（kg/m³）；

m_a——每立方米混凝土的外加剂用量（kg/m³），掺量小时可忽略不计；

m_w——每立方米混凝土的用水量（kg/m³）。

配合比校正系数应按下式计算：

$$\delta=\frac{\rho_{c,t}}{\rho_{c,c}}$$

式中 δ——混凝土配合比校正系数；

$\rho_{c,t}$——混凝土表观密度实测值（kg/m³）。

（3）确定设计配合比（试验室配合比）

①当混凝土表观密度实测值与计算值之差不超过计算值的 2% 时，调整好的配合比不做修正，维持不变；当二者之差超过 2% 时，应将配合比中每项材料用量均乘以校正系数 δ 的数值进行计算。

②确定设计配合比

配合比调整后应测定混凝土拌合物水溶性氯离子含量，对耐久性有设计要求的混凝土应进行相关耐久性试验验证。如果混凝土拌合物水溶性氯离子含量试验结果符合规定，且耐久性符合相关设计要求，则调整后的配合比即为设计配合比（试验室配合比）（表 3.2-27）。

设计配合比 表 3.2-27

材料 项目	水泥	掺合料	外加剂	砂子	碎石	水
各材料单位质量（kg/m³）	m_c	m_f	m_a	m_s	m_g	m_w
质量比	1					

9）配合比的调整

（1）实验室出具的配合比为基准的配合比，在应用时应作调整。

（2）根据实验室作试配时使用的相近的原材料，测出砂、石的含水量，在原配合比的基础上扣减用水量，制定出施工用配合比。

（3）根据施工配合比进行生产，生产的混凝土应作开盘鉴定，并做好记录，如开盘鉴定结果与原试验结果相差较大，应查明原因并进行适当的改进。

3.2.2 钢材、钢筋、螺旋肋钢丝、钢绞线

1. 钢材

（1）钢材一般采用普通碳素钢。其中最常用的 Q235 低碳钢，其屈服点为 235MPa，抗拉强度为 375～500MPa。Q345 低合金高强度钢，其塑性、焊接性良好，屈服强度为 345MPa。

（2）预制构件吊装用内埋式螺母或吊杆及配套的吊具，应符合国家现行标准的规定。

（3）预埋件锚板用钢材应采用 Q235、Q345 级钢，钢材等级不应低于 Q235B；钢材应符合《碳素结构钢》GB/T 700—2006 的规定。预埋件的锚筋应采用未经冷加工的热轧钢筋制作。

（4）在装配整体式混凝土结构设计与施工中，应积极使用高强度钢筋，预制构件纵向钢筋宜使用高强度钢筋。

（5）碳素结构钢取样

①碳素结构钢应按批进行检查和验收。

每批由同一牌号、同一炉号、同一等级、同一品种、同一尺寸、同一交货状态、同一进场时间的钢材组成。每批数量不得大于 60t，每批取试件一组，其中一个拉伸试件，一个冷弯试件。

②取样方法

试件应在外观及尺寸合格的钢材上切取，切取时应防止受热、加工硬化及变形而影响其力学工艺性能。

工字钢和槽钢：应从腰高 1/4 处沿轧制方向切取矩形截面的拉伸、冷弯试件，厚度等于钢材厚度。角钢和乙字钢：应从腿长 1/3 处切取。T 形钢和球扁钢：应从腰高 1/3 处切取。扁钢：应从端部沿轧制方向在距边缘 1/3 宽度处切取。钢板：应在端部垂直于轧制方向切取试件；对于纵向轧钢板，应在距边缘 1/4 板宽处切取。碳素结构钢试件长度与钢筋试件长度相同。

(6) 钢材必试项目

拉伸试验（屈服强度、抗拉强度、伸长率）、冷弯试验。

2. 钢筋

(1) 钢筋品种

①钢筋按生产工艺分：热轧钢筋、热处理钢筋、碳素钢丝、刻痕钢丝、钢绞线和冷轧钢筋。

②钢筋按轧制外形分：HPB235 级（即屈服点为 235N/mm²）、HRB（即屈服点为 335N/mm²）和 HRB400、RRB400 级（即屈服点为 400N/mm² 级）等。

③钢筋按轧制外形分：盘圆钢筋（直径不大于 10mm）和直条钢筋（长度 6~12m 根据需方要求，也可按定尺供应）。

④钢筋按化学成分分：碳素钢钢筋和普通低合金钢筋。碳素钢钢筋按含碳量多少，又可分为低碳钢钢筋（含碳量低于 0.25%）、中碳钢钢筋（含碳量 0.25%~0.7%）和高碳钢钢筋（含碳量大于 0.7%）。普通低合金钢筋是在低碳钢中碳钢的成分中加入少量合金元素，获得强度高和综合性能好的钢种，如 20MnSi、20MnTi、45SiMnV 等。

(2) 建筑工程钢筋的选用

①普通钢筋宜采用 HRB400 级和 HRB335 级钢筋，也可采用 HPB235 级和 RRB400 级钢筋；

②预应力钢筋宜采用预应力钢绞线、钢丝。

(3) 钢筋原材截面积、理论重量要求见表 3.2-28。

公称截面面积与理论重量　　　　　　　　　　表 3.2-28

公称直径（mm）	公称截面面积（mm²）	有效截面系数	理论截面面积（mm²）	理论重量（kg/m）
6	33.18	0.95	34.9	0.261
8	50.27	0.95	52.9	0.395
10	78.54	0.95	82.7	0.617
12	113.1	0.95	119.1	0.888

公称直径（mm）	公称截面面积（mm²）	有效截面系数	理论截面面积（mm²）	理论重量（kg/m）
14	153.9	0.95	162	1.21
16	201.1	0.95	211.7	1.58
18	254.5	0.95	267.9	2.11
20	314.2	0.95	330.7	2.47
22	380.1	0.95	400.1	2.98
25	490.9	0.94	522.2	4.10
28	615.8	0.95	648.2	4.83
32	804.2	0.95	846.5	6.65
36	1018	0.95	1071.6	7.99
40	1256.6	0.95	1322.7	10.34
50	1963.5	0.95	2066.88	16.28

（4）钢筋检验要求

①外观检查

钢筋进场时及使用前均应对外观质量进行检查。

检查内容：直径、标牌、外形、长度、劈裂、锈蚀等项目。如发现有异常现象时（包括在加工过程中有脆断、焊接性能显著不正常时），应不采用。

②力学性能试验

屈服点（强度）、抗拉强度、伸长率、冷弯指标，均符合现行国家标准的规定。

对有抗震设防要求的框架结构，其纵向受力钢筋的强度应满足设计要求。

当设计无具体要求时，对一、二级抗震等级，检验所得的强度实测值应符合下列规定：钢筋的抗拉强度实测值与屈服强度实测值的比值不应小于1.25，钢筋的屈服强度实测值与屈服强度特征值的比值不应大于1.3。

有下列情况时还应增加相应检验项目：

有附加保证条件的混凝土结构中的钢筋；对高质量的热轧带肋钢筋应有反向弯曲检验项目和屈服强度数据；预应力混凝土用钢丝应有反复弯曲次数和松弛技术指标，钢绞线应有屈服负荷和整根破坏的技术指标。

③进场的钢筋有下列情况之一者，必须按现行国家标准的规定对该批钢筋进行化学成分检验和其他专项检验：在加工过程中，发现机械性能有明显异常现象；虽有出厂力学性能指标，但外观质量缺陷严重。

进口钢筋须经力学性能、化学分析和焊接试验检验。

（5）钢筋试验

①钢筋取样，每组试件数量见表3.2-29。

钢筋取样试件数量

表 3. 2-29

钢筋种类	试件数量	
	拉伸试验	弯曲试验
热轧带肋钢筋	2个	2个
热轧光圆钢筋	2个	2个
低碳热轧圆盘条	1个	2个
余热处理钢筋	2个	2个
冷轧带肋钢筋	每盘1个	每批2个

②取样方法

按表 3.2-29 中规定凡取两个试件的（低碳热轧圆盘条冷弯试件除外）均应从任意两根（或两盘）中分别切取，即在每根上切取一个拉伸试件，一个弯曲试件。

碳钢热轧圆盘条冷弯试件应取自不同盘；盘条试件在切取时，应在盘条的任意一端截去 500mm 后切取；试件长度：拉伸试件≥标称标距＋200mm；弯曲试件≥标称标距＋150mm；同时还应考虑材料试验机的有关参数确定其长度；试件的形状，具有恒定横截面的产品（型材、棒材、线材等）可以不经机加工而进行试验。

3. **螺旋肋钢丝**

预应力混凝土用螺旋肋钢丝（公称直径 DN 为 4、4.8、5、6、6.25、7、8、9、10）的规格及力学性能，应符合现行国家标准《预应力混凝土用钢丝》GB/T 5223—2014 的规定，详见表 3.2-30。

螺旋肋钢丝的力学性能

表 3. 2-30

公称直径（mm）	抗拉强度（MPa）不小于	规定非比例伸长应力（MPa）不小于		最大力下总伸长率（$l_0=$200mm，%）不小于	弯曲次数/（次/180°）不小于	弯曲半径（R/mm）	应力松弛性能			
		WLR	WNR				初始力相当于公称抗拉强度的百分数/%		1000h后应力松弛率不小于	
									WLR	WNR
4.00	1470	1290	1250		3	10	60		1.0	4.5
	1570	1380	1330							
4.80	1670	1470	1410	3.5			70		2.0	8
	1770	1560	1500	4	15					
5.00	1860	1640	1580				80		4.5	12

公称直径（mm）	抗拉强度（MPa）不小于	规定非比例伸长应力（MPa）不小于		最大力下总伸长率（l_0=200mm,%）不小于	弯曲次数/（次/180°）不小于	弯曲半径（R/mm）	应力松弛性能		
		WLR	WNR				初始力相当于公称抗拉强度的百分数/%	1000h后应力松弛率不小于	
								WLR	WNR
6.00	1470	1290	1250		4	15			
6.25	1570	1380	1330		4	20			
	1670	1470	1410						
7.00	1770	1560	1500		4	20			
8.00	1570	1290	1250		4	20			
9.00	1470	1380	1330		4	25			
10.00	1470	1290	1250		4	25			
12.00					4	30			

4. 钢绞线

（1）取样数量及检验组批

钢绞线应成批验收，每批钢绞线由同一牌号、同一规格、同一生产工艺捻制的钢绞线组成。每批质量不大于60t。

钢绞线的检验项目及取样数量应符合表3.2-31的规定。

供方出厂常规检验项目及取样数量 表3.2-31

序号	检验项目	取样数量	取样部位	检验方法
1	表面	逐盘卷		目视
2	外形尺寸	逐盘卷		按本标准
3	钢绞线伸直性	3根/每批	在每（任）盘卷中任意一端截取	
4	整根钢绞线最大力	3根/每批		
5	规定非比例延伸力	3根/每批		
6	最大力总伸长率	3根/每批		
7	应力松弛性能	不小于1根/每合同批（注）		

注：合同批为一个订货合同的总量。在特殊情况下，松弛试验可以由工厂连续检验提供同一原料、同一生产工艺的数据所代替。

（2）表面质量

①钢绞线表面不得有油、润滑脂等物质。钢绞线允许有轻微的浮锈，但不得有目视可见的锈蚀麻坑。

②目测检查钢绞线表面质量允许存在回火颜色。

（3）公称直径、尺寸偏差及力学性能指标检测

①不同结构预应力钢绞线的公称直径、直径允许偏差、测量尺寸及测量尺寸允许偏差应分别符合《预应力混凝土用钢绞线》GB/T 5224—2014 中的 7.2 表 5 "1×2 结构钢绞线尺寸及允许偏差、公称横截面积、每米理论重量"、表 6 "1×3 结构钢绞线尺寸及允许偏差、公称横截面积、每米理论重量"、表 3 "1×7 结构钢绞线尺寸及允许偏差"中的相关规定。

②钢绞线的拉伸试验、伸直性、应力松弛性能试验等力学性能指标应分别符合《预应力混凝土用钢绞线》GB/T 5224—2014 中的 7.2 表 5 "1×2 结构钢绞线的力学性能"、7.2 表 6 "1×3 结构钢绞线的力学性能"、7.2 表 7 "1×7 结构钢绞线的力学性能"的相关规定。

5. 焊接材料

1）手工焊接用焊条质量，应符合《非合金钢及细晶粒钢焊条》GB/T 5117—2012、《热强钢焊条》GB/T 5118—2012 的规定。选用的焊条型号应与主体金属相匹配。

2）自动焊接或半自动焊接采用的焊丝和焊剂，应与主体金属强度相适应，焊丝应符合《熔化焊用钢丝》GB/T 14957—1994 等规范标准的要求。

3）锚筋（HRB400 级钢筋）与锚板（Q235B 级钢）之间的焊接，可采用 T50X 型。Q235B 级钢之间的焊接可采用 T42 型。

3.2.3　木模板、钢模板

1. 木模板、木方

1）模板

所用模板为 12 或 15mm 厚竹、木胶板，材料各项性能指标必须符合要求。竹、木胶板的力学性能见表 3.2-32、表 3.2-33。

覆面竹胶板的力学性能　　　　　　　　　　　表 3.2-32

规　格	抗弯强度（N/mm²）	弹性模量（N/mm²）
12～15mm 厚胶板	37（三层）	10584
	35（五层）	9898

木胶板的力学性能　　　　　　　　　　　表 3.2-33

规　格	抗弯强度（N/mm²）	弹性模量（N/mm²）
12mm 厚木胶板	16	4700
15mm 厚木胶板	17	5000

2）木方

霉变、虫蛀、腐朽、劈裂等不符合一等材质木方不得使用，木方的含水率不大于 20％。木方（松木）的力学性能见表 3.2-34。

木方（松木）的力学性能 表 3.2-34

规格	剪切强度（N/mm²）	抗弯强度（N/mm²）	弹性模量（N/mm²）
50mm×70mm	1.7	17	10000

木材材质标准符合现行国家标准《木结构设计规范》GB 50005—2003 的规定，详见表 3.2-35。

模板结构或构件的木材材质等级 表 3.2-35

项次	主要用途	材质等级
1	受拉或拉弯构件	Ⅰa
2	受压或压弯构件	Ⅱa
3	受压构件	Ⅲa

3）木脚手板

选用 50mm 厚的松木质板，其材质符合国家现行标准《木结构设计规范》GB 50005—2003 中对Ⅱ级木材的规定。木脚手板宽度不得小于 200mm；两头须用 8 号铅丝打箍；腐朽、劈裂等不符合一等材质的脚手板禁止使用。

4）垫板

垫板采用松木制成的木脚手板，厚度 50mm，宽度 200mm，板面挠曲≤12mm，板面扭曲≤5mm，不得有裂纹。

2. 钢模板

（1）选用钢模板钢材时，采用现行国家标准《碳素结构钢》GB/T 700—2006 中的相关标准，一般采用 Q235 钢材。

（2）模板必须具备足够的强度、刚度和稳定性，能可靠地承受施工过程中的各种荷载，保证结构物的形状尺寸准确。

模板设计中考虑的荷载为：

①计算强度时考虑：浇筑混凝土对模板的侧压力＋倾倒混凝土时产生的水平荷载＋振捣混凝土时产生的荷载。

②验算刚度时考虑：浇筑混凝土对模板的侧压力＋振捣混凝土时产生的荷载。

③钢模板加工制作允许偏差

模板加工宜采用数控切割，焊接宜采用二氧化碳气体保护焊。

模板接触面平整度、板面弯曲、拼装缝隙、几何尺寸等应满足相关设计要求，允许偏差及检验方法应符合相关标准规定。

3.2.4 灌浆料、灌浆连接套筒

钢筋连接用灌浆套筒是通过水泥基灌浆料的传力作用将钢筋对接连接所用的金属套筒，通常采用铸造工艺或者机械加工工艺制造，包括全灌浆套筒和半灌浆套筒两种形式。

全灌浆套筒两端均采用灌浆方式与钢筋连接；半灌浆套筒一端采用灌浆方式与钢筋连

接，而另一端采用非灌浆方式与钢筋连接（通常采用螺纹连接）。

1. 灌浆料

1）一般规定

试件成型时，水泥基灌浆材料和拌合水的温度应与试验室的环境温度一致。

2）流动度试验

流动度试验应符合下列规定：应采用符合《行星式水泥胶砂搅拌机》JC/T 681—2005 要求的搅拌机和水泥基灌浆材料。

截锥圆模应符合《水泥胶砂流动度测定方法》GB/T 2419—2005 的规定，尺寸为下口内径 100mm ± 0.5mm，上口内径 70mm ± 0.5mm，高 60mm ± 0.5mm。玻璃板尺寸 500mm×500mm，并应水平放置。

3）抗压强度试验

抗压强度试验应符合下列规定：抗压强度试验试件应采用尺寸为 40mm×40mm× 160mm 的棱柱体。抗压强度的试验应执行《水泥胶砂强度检验方法（ISO 法）》GB/T 17671—1999 中的有关规定。

4）竖向膨胀率试验

竖向膨胀率试验结果取一组三个试件的算术平均值。

2. 灌浆连接套筒

1）一般规定

（1）铸造灌浆套筒内外表面不应有影响使用性能的夹渣、冷隔、砂眼、缩孔、裂纹等质量缺陷。

（2）机械加工灌浆套筒表面不应有裂纹或影响接头性能的其他缺陷，端部和外表面的边棱处应无尖棱、毛刺。

（3）机械加工灌浆套筒的壁厚不应小于 3mm，铸造灌浆套筒的壁厚不应小于 4mm。

（4）灌浆套筒外表面标识应清晰，灌浆套筒表面不应有锈皮。

（5）灌浆套筒长度应根据试验确定，且灌浆连接端长度不宜小于 8 倍钢筋直径，灌浆套筒中间轴向定位点两侧应预留钢筋安装调整长度，预制端不应小于 10mm，现场装配端不应小于 20mm。

（6）剪力槽两侧凹凸轴向厚度不应小于 2mm，剪力槽的数量应符合表 3.2-36 中的规定。

（7）选用不同的灌浆连接套筒时，应尽量选用与之为同一生产厂家的套丝机及其他相配套产品。

剪力槽数量表　　　　　　　　　　　　　　　　表 3.2-36

连接钢筋直径/mm	12~20	22~32	36~40
剪力槽数量/个	≥3	≥4	≥5

2）尺寸允许偏差

灌浆套筒尺寸偏差应符合表 3.2-37 中的规定。

灌浆套筒尺寸允许偏差表 表 3.2-37

序号	项　目	灌浆套筒尺寸偏差					
		铸造灌浆套筒（铸铁）			机械加工灌浆套筒（钢制）		
1	钢筋直径（mm）	12~20	22~32	36~40	12~20	22~32	36~40
2	外径允许偏差（mm）	±0.8	±1.0	±1.5	±0.6	±0.8	±0.8
3	壁厚允许偏差（mm）	±0.8	±1.0	±1.2	±0.5	±0.6	±0.8
4	长度允许偏差（mm）	±（0.01×L）			±2.0		
5	锚固段环形突起部分的内径允许偏差（mm）	±1.5			±1.0		
6	锚固段环形突起部分的内径最小尺寸与钢筋公称直径差值（mm）	≥10			≥10		
7	直螺纹精度	—			GB/T 197—2003 中 6H 级		

3.2.5　保温材料

（1）夹心外墙板宜采用挤塑聚苯板或聚氨酯保温板作为保温材料，保温材料除应符合设计要求外，尚应符合现行国家和地方标准要求。

（2）聚苯板主要性能指标应符合表 3.2-38 的规定，其他性能指标应符合现行国家标准《绝热用模塑聚苯乙烯泡沫塑料》GB/T 10801.1—2002 和《绝热用挤塑聚苯乙烯泡沫塑料（XPS）》GB/T 10801.2—2002 的规定。

聚苯板性能指标要求 表 3.2-38

项　目	单　位	性能指标		实验方法
		EPS 板	XPS 板	
表观密度	kg/m³	20~30	30~35	GB/T 6343—2009
导热系数	W/（m·K）	≤0.041	≤0.03	GB/T 10294—2008
压缩强度	MPa	≥0.10	≥0.20	GB/T 8813—2008
燃烧性能	—	不低于 B₂ 级		GB 8624—2012
尺寸稳定性	%	≤3	≤2.0	GB/T 8811—2008
吸水率（体积分数）	%	≤4	≤1.5	GB/T 8810—2005

（3）聚氨酯保温板主要性能指标应符合表 3.2-39 的规定，其他性能指标应符合现行国家行业标准《聚氨酯硬泡复合保温板》JG/T 314—2012 的有关规定。

聚氨酯保温板性能指标要求　　　　　　　　　表 3.2-39

项　目	单　位	性能指标	实验方法
表观密度	kg/m³	≥32	GB/T 6343—2009
导热系数	W/（m·K）	≤0.024	GB/T 10294—2008
压缩强度	MPa	≥0.15	GB/T 8813—2008
拉伸强度	MPa	≥0.15	GB/T 9641—1988
燃烧性能	—	不低于 B_2 级	GB 8624—2012
尺寸稳定性	%	80℃，48h≤1.0	GB/T 8811—2008
		−30℃，48h≤1.0	—
吸水率（体积分数）	%	≤3	GB/T 8810—2005

3.2.6　拉接件

外墙保温拉接件：用于连接预制保温墙体内、外层混凝土墙板，传递墙板剪力，以使内外层墙板形成整体的连接器。拉接件宜选用纤维增强复合材料或不锈钢薄钢板加工制成（图 3.2-1、图 3.2-2）。夹心外墙板中，内外叶墙板的拉接件应符合下列规定：

图 3.2-1　Thermomass MS 与 MC、CC 型连接件　　　图 3.2-2　哈芬 DEHA 锚固系统

（1）金属及非金属材料拉接件均应具有规定的承载力、变形和耐久性能，并经过试验验证；

（2）拉接件应满足防腐和耐久性要求；

（3）拉接件应满足夹心外墙板的节能设计要求。

3.2.7　外装饰材料

涂料、面砖或石材饰面等外装饰材料质量应满足现行相关标准和设计要求。

当采用面砖饰面时，宜选用背面带燕尾槽的面砖，燕尾槽尺寸应符合工程设计和相关标准要求。

3.3 辅助工具、预埋预留

3.3.1 辅助工具

1. 接驳连接器、锚固件（图 3.3-1～图 3.3-5）

图 3.3-1 内螺纹、专用接驳器　　　　图 3.3-2 吊钉、胶波、专用接驳器

图 3.3-3 哈芬 FRIMEDA 起吊锚固系统　　图 3.3-4 螺纹绳套吊环　　图 3.3-5 插筋锚栓

2. 平衡起重梁（图 3.3-6、图 3.3-7）
3. 磁性底座、磁性倒角（图 3.3-8、图 3.3-9）
4. 固定磁盒与磁盒撬棍（图 3.3-10、图 3.3-11）

图 3.3-6　起重框架梁

图 3.3-7　起重扁担梁

图 3.3-8　电盒固定磁性底座

图 3.3-9　螺栓预埋固定磁性底座

图 3.3-10　固定磁盒

图 3.3-11　磁盒撬棍

3.3.2 预埋预留件、固定工装

1. 连接类（图 3.3-12～图 3.3-14）

构件预制生产中需要预埋灌浆套筒、波纹套管、金属和非金属拉接件、外饰面石材等。

图 3.3-12 灌浆套筒注浆管固定磁座

图 3.3-13 灌浆套筒与模板间固定工装

图 3.3-14 外饰面石材连接件安装

2. 安装施工辅助件

各种吊件（吊钉、螺栓等）及固定成型工装、后浇带模板固定螺栓、斜支撑固定螺栓等，如图 3.3-15～图 3.3-18 所示。

图 3.3-15 吊钉端部凹口成型器（胶波）

图 3.3-16 扁口锚栓

图 3.3-17　平板锚栓

图 3.3-18　螺纹锚栓

3. 电气类

开关盒、插座盒、弱电系统接线盒（消防显示器、控制器、按钮、电话、电视、对讲等）预埋及预留孔洞等，如图 3.3-19 所示。

图 3.3-19　电盒预埋及固定工装

4. 水暖类：给水管道的预留洞和预埋套管；地漏、排水栓、雨水斗的预埋等。

5. 门窗类：预埋门窗木砖、门窗焊接件等。

6. 装饰装修类：电视线穿墙预埋管、灯具吊点、空调线管进入户预留洞、室内室外楼梯连接预埋件等。

7. 其他：钢筋保护层塑料垫块（图 3.3-20）、堵漏橡胶管件（图 3.3-21、图 3.3-22）等。

（a） （b）

图 3.3-20　钢筋保护层塑料支架
（a）环形塑料支架；（b）马凳塑料支架

图 3.3-21　叠合板外露钢筋止漏卡件　　　　图 3.3-22　预制梁柱外露钢筋止漏胶管

3.4　模　具

3.4.1　墙板

实心墙板可用两类模具生产，即平模和立模。

三明治夹芯墙板（外侧为混凝土保护层，中间为保温层，内侧为混凝土持力层的外墙或内墙墙板）采用平模模具生产。

（1）平模生产也称为卧式生产，有四部分组成：侧模、端模、内模、工装与加固系统。

在自动化流水线中，一般使用模台作底模；在固定模位中，底模可采用钢模台、混凝土底座等多种形式。侧模与端模是墙的边框模板（图 3.4-1）。

有窗户时，模具内要安装窗框内模。带拐角的墙板模具（图 3.4-2），要在端模的内侧设置内模板。

大量的预留预埋，如墙板后浇带预留孔等则通过悬挂工装来实现。

（2）立模生产是指生产过程中构件的一个侧面垂直于地面。

墙板的另外两个侧面和两个板面与模板接触，最后一个墙板侧面外露。立模生产可以大大减少抹面的工作量，提高生产效率。

图 3.4-1 墙板平模

图 3.4-2 带拐角墙板模具

大量的 GRC 复合墙板采用立模生产，并且一般成组进行。

3.4.2 楼梯

楼梯生产有卧式、立式两种生产模式，故模具也有卧式模具、立式模具两种。

为增加楼梯模具的通用性，降低模具成本，还有一种可调式楼梯模具。可调式楼梯模具的踏步宽度固定，楼梯的踢面高度可调，楼梯的步数同样可做相应的调整。

目前，楼梯多数采用立模法生产。

（1）立模楼梯模具由三部分构成：底座、正面锯齿形模板、背面平模板（图 3.4-3）。正面锯齿形模板与底座固定，背面模板可在底座上滑移以实现与锯齿形模板的开合。背面模板滑向正面锯齿形模板，并待两者靠紧后，将上部、左右两侧的丝杆卡入锯齿形模板上的钢架连接点的凹槽内，拧紧螺母，固定牢靠。

（2）平模楼梯模具是指以锯齿形的正面模板为底模，两个侧模板和两个端面模板为边模（图 3.4-4）。

图 3.4-3 立式楼梯模具

图 3.4-4 卧式楼梯模具

模具组装时先把底模放平，把侧面和端部安放在底模上。用螺栓拧紧固定边模与底模，形成一个牢固的卧式楼梯模具。

底模内焊接凹凸定位钢柱或矩形块，在浇筑混凝土时以形成定位孔洞。

3.4.3　叠合板

叠合板分为单向板和双向板，单向板两侧边出筋，双向板两个端模和两个侧模都出筋。

叠合板生产以模台为底模，钢筋网片通过侧模或端模的孔位出筋。钢制边模用专用的磁盒直接与底模吸附固定或通过工装固定，这种边模为普通边模（图3.4-5）。

铝合金磁力边模是由铝合金边模和内嵌的磁性吸盘组成，使磁盒与模板成为一体，这种边模称为磁性边模（图3.4-6）。边模宽60mm，高度有70mm和80mm两种，长度可以做成1、1.5、2、3、3.5m不等，以组合成不同的叠合板模具。

图3.4-5　叠合板碳素钢模具　　　　　　图3.4-6　叠合板磁性边模

3.4.4　预制柱

预制柱多用平模生产，底模采用钢制模台或混凝土底座，两边侧模和两头端模，通过螺栓与底模相互固定（图3.4-7）。钢筋通过端部模板的预留孔出筋。

如果预制柱不是太高，可采用立模生产。与梁连接的钢筋，通过侧模的预留孔出筋。

图3.4-7　预制柱模具

3.4.5 预制梁

预制梁分为叠合梁和整体预制梁。

预制梁多用平模生产。采用钢制模台或混凝土底座做底模，两片侧模和两片端模栓接组成预制梁模具（图3.4-8），上部采用角钢连接加固，防止浇筑混凝土时侧面模板变形。上部叠合层钢筋外露，两端的连接筋通过端模的预留孔伸出。

3.4.6 外挂墙板

外挂墙板无论是实心板还是三明治夹芯板，其模具均由两片侧模和两片端模通过螺栓连接固定组成（图3.4-9），且不用出筋。

由于外挂墙板较薄，在钢制模台之上，模具四周采用磁盒吸附固定即可。

图 3.4-8 预制梁模具　　　　　　　　图 3.4-9 外挂墙板模具

3.4.7 飘窗

飘窗多用组合模具生产。

在固定模台上，飘窗模具根据构件的外形分为四个部分：端模、侧模、端模上悬附的内模、工装与加固系统（图3.4-10）。

图 3.4-10 飘窗模具

组装飘窗模具时，根据模台上画好的线位图，将两片侧模摆好位置。随后两片端模就位，与侧模连接加固成一个框架。在两片端模的上部通过两个以上螺栓孔，栓接固定飘窗突出部位的内模和侧（外）模。

然后安装悬挂工装，固定内螺旋等预埋件。边测量尺寸，边调整加固模板，直至整个飘窗的几何尺寸和预埋件的位置符合规范要求为止。

3.4.8 阳台

预制阳台分为叠合阳台和整体阳台，即半预制式和全预制式阳台。

半预制阳台、全预制阳台均采用类似于飘窗模具的组合模具生产。在固定模台上，先摆放侧模，然后摆放连接两端的端模。再安装阳台两侧侧板的内侧模和外栏板的内端模（图 3.4-11），最后连接加固，形成一个阳台的整体模具。

在内侧端模上部开孔，预留连接钢筋的出筋孔洞。在浇筑构件混凝土时，叠合式阳台的桁架筋要高出预制板面。

图 3.4-11　阳台模具

3.4.9 女儿墙、空调板

女儿墙、空调板都以平模生产。其底模采用钢制模台时，侧模与端模用螺栓连接后，模板四周用磁盒固定，或在钢制模台上采用磁性边模组装模具。

3.4.10 双 T 板

双 T 板即可以单片预制，也可以成槽连片生产。

双 T 板模具一般由五大部分组成：底座支架、一片∩形内模、两片Γ形侧模、两片端模、连接加固系统（图 3.4-12）。

模具安装时，先底座上安装∩形内模，再对称安装两边侧模。侧模与内模合模前，安装钢筋网和预应力管道。最后安装双 T 板的端模，使预应力筋穿过端模的预留孔道。经测量、调整，并加固整个模具。

双 T 板模具的端模部位、受力的传力柱桁架，必须要进行受力验算，以满足预应力筋张拉时的拉力。

图 3.4-12 双 T 板模具

3.5 工厂组织管理

3.5.1 工厂管理组织机构

1. 管理层及组织架构

1）PC 工厂一般要设厂长 1 人、书记 1 人、总工 1 人、安全总监 1 人、副厂长 2 人。也可以根据企业自身的管理模式进行设定，相应的职责也要作相应调整。

具体组织架构如图 3.5-1 所示。

图 3.5-1 PC 工厂组织结构框图

2）一个正规的PC工厂应有以下部门，也可以根据生产任务的多少、企业管理模式的差异进行个性化的调整和岗位合并。但为确保工厂的正常运转和产品质量，部门管理职责不能缺失。

①办公室、研发设计部、生产管理部、试验室、安全质量部、计划合同部、经营销售部、财务部、物资保障部、设备维护部。

②PC构件生产车间（含钢筋生产线、拌合站）：混凝土拌合班组、钢筋生产班组、模板整修组装班组、钢筋网片运输安装班组、构件混凝土运输浇筑班组、构件生产班组（赶平、抹光、养生、起吊、运输等）、机械维修班组。

2. 工厂各部门职责分工

PC工厂各部门职责分工及人员组成见表3.5-1。

工厂各部门职责分工及人员表   表3.5-1

部门名称	部门职责	人员组成	人数
办公室	工厂日常管理、上下级接洽、党务工作、工会工作、出差考勤等	主任、副主任、部员、司机等	5人
研发设计中心	装配式建筑的结构设计、预制生产工艺设计、安装施工工艺设计、BIM技术应用	主任、建筑、结构、水、电等设计工程师、BIM建模师等	10人
生产管理部	PC构件预制生产、装配施工、产品存放管理、生产进度管控、试验室管理等	部长、部员	3人
试验室	原材料、半成品、成品试验检测，各种配合比设计与优化，现场试验检测等	主任、试验员	5人
安全质量部	车间安全生产、工厂安全管理、构件预制质量、质量回访、维修等	部长、安全工程师	3人
计划合同部	下达预制生产计划、合同管理、成本管理、经济效益分析等	部长、部员	3人
经营销售部	完成销售订单、产品销售、客户回访	部长、部员	5人
财务部	工资发放、资金管理、参与经济效益分析等	部长、出纳	3人
物资保障部	各种原材料、辅助件的采购、点验、入库、出库、结余等	部长、部员、仓库保管员	4人
设备维护部	PC生产线、钢筋生产线、拌合站等设备的维护、检修、维护等	部长、部员、强弱电工程师、机械工程师	4人
PC构件车间（含拌合站、钢筋生产线）	构件混凝土拌制、钢筋加工、PC构件生产、养护、运输、存放等	车间主任、副主任、技术主管、技术员、质检员、安全员、试验员、材料员、操作手、司机、电工等	12人
注：可根据职能分工和人员素质的实际情况进行部门设置的适当调整、人员组成的适当增减			57人

3.5.2 PC 车间管理人员岗位职责

1. 车间主任岗位职责

负责全面管理车间生产、质量、安全、进度工作以及拌合站的管理工作。

2. 车间技术主管岗位职责

对预制构件生产技术及生产质量负直接责任，指导生产人员开展有效的技术管理工作。

提出贯彻改进预制构件生产的质量目标和措施。

负责预制构件生产过程控制。

负责构件预制生产技术交底并制定构件生产计划。

对构件生产过程质量、安全工作负领导责任并直接指导。

依据预制构件质量目标，制定质量管理工作规划，负责质量管理，行使质量监察职能。

落实工厂预制构件生产中新材料、新技术、新工艺的推广应用工作。

落实工厂质量体系审核，制订本部门不合格项的纠正和预防措施，进行整改和验证。

3. 质检员

预制构件生产的质量检查管理工作。

负责预制构件生产过程隐蔽工程检查及预制构件出厂质量检查工作，监控预制构件生产质检工作的具体实施情况，包括技术实施、质量、成品保护等。

及时上报质量问题。

参与预制构件生产中新材料、新技术、新工艺的推广应用工作。

参与质量体系审核，制订本部门不合格项的纠正和预防措施，进行整改和验证。

4. 安全员

负责构架预制生产中的安全管理工作。

编制和呈报安全计划、安全专项方案和制定具体的安全措施。

定期组织安全检查，如有问题及时监督整改。

5. 材料员

负责各类辅助件、辅助材料的采购与发放、登记工作。

负责本车间内小型工器具（扁担梁、接驳器、扳手等）的分发、收回等管理工作。

参与预制构件生产中新材料、新技术、新工艺的推广应用工作。

参与质量体系审核，制订本部门不合格项的纠正和预防措施，进行整改和验证。

6. 试验员

负责车间内混凝土、钢筋保温板、连接件等抽样试验及检测工作。

负责原材料及混凝土质量控制，并对生产质量进行有效的监控。

负责对混凝土及原材料质量情况进行统计分析，定期向主管领导上报资料。

参与预制构件生产中新材料、新技术、新工艺的推广应用试验工作。

参与质量体系审核，制订本部门不合格项的纠正和预防措施，进行整改和验证。

7. 技术员

负责编写下发 PC 构件生产、钢筋加工的技术交底，监督、检查预埋件的定位及安装。

负责构件生产中各工序质量控制，并做好记录，每天做生产日志。

按生产进度计划的要求，安排工班的工作，并对工班组进行安全、生产技术交底的实施、监督、检查。

参与预制构件生产中新材料、新技术、新工艺的推广应用工作。

参与质量体系审核，制订本部门不合格项的纠正和预防措施，进行整改和验证。

3.6 产业工人管理与培训

3.6.1 产业工人组织方式

建筑产业化是在各种生产资源紧缺、人口红利消失、环境污染严重等多种因素重叠下的中国建筑业的选择与出路。

PC工厂正需要大量的工人来进行PC构件的生产，这就需要把现在的农民工转变成产业工人，提高他们的技术水平，进而提高建筑业的生产效率。

根据国内的实际情况和企业自身的特点，在产业工人的使用管理上，可采取以下方式：

1）劳务公司根据PC工厂的要求，将农民工培训成合格的产业工人后，PC工厂与劳务公司签订用工协议，工人进厂上岗。

2）工厂以劳务委派、企业招工的方式，招聘工人进入PC工厂。通过企业自身的培养手段，例如导师带徒、委托培养等，将其培养成合格的产业工人。

3.6.2 产业工人培训

1. 产业工人分类

PC工厂中产业工人分为以下三类：技术工人、特种作业人员、普通工人，PC生产线及钢筋生产线等岗位产业工人统计见表3.6-1。

PC工厂产业工人统计表　　　　　表3.6-1

类　别	内　　　容	等　级
PC生产线	清理喷涂工位操作手、画线机工位操作手、布料振捣工位操作手、抹光工位操作手、养护翻板工位操作手、拌合站操作手、生产线操控中心操作手、混凝土工、组装拆卸模板工、木工、精细木工、叉车司机、装载机司机等	中级、高级
钢筋生产线	钢筋工、钢筋桁架生产线操作手、钢筋网片生产线操作手、钢筋调直切断机操作手、钢筋弯筋机操作手、叉车司机等	中级、高级
模板加工整修	钳工、车工、铣工、磨工、电焊工等	中级、高级
蒸汽锅炉	司炉工、锅炉检修工（主机、辅机）、管道检漏工等	中级、高级
其他类	电工、电机检修工、电气检修工、试验工、测量放线工、桥式起重机司机、堆放搬运装卸工、架子工等	中级、高级

2. 特种设备管理

1）PC 工厂中的特种设备见表 3.6-2。

PC 工厂特种设备目录

表 3.6-2

种类	类 别	品 种	PC 工厂内特种设备
锅炉	承压蒸汽锅炉		蒸汽锅炉
压力容器	固定式压力容器	超高压容器、第三类压力容器、第二类压力容器、第一类压力容器	PC 生产线、钢筋生产线设备用储气罐
	气瓶	无缝气瓶、焊接气瓶、特种气瓶（内装填料气瓶、纤维缠绕气瓶、低温绝热气瓶）	氧气瓶、乙炔气瓶
压力管道	公用管道	燃气管道、热力管道	燃气管道、热力管道
	工业管道	工艺管道、动力管道、制冷管道	PC 生产线、钢筋生产线用气管道
压力管道元件	压力管道管子	无缝钢管、焊接钢管、有色金属管、球墨铸铁管、复合管、非金属材料管	锅炉房与 PC 生产车间蒸汽管道管子；PC 生产线、钢筋生产线用气管道的管子
	压力管道管件	非焊接管件（无缝管件）、焊接管件（有缝管件）、锻制管件、复合管件、非金属管件	同上
	压力管道阀门	金属阀门、非金属阀门、特种阀门	同上
	压力管道法兰	钢制锻造法兰、非金属法兰	同上
	补偿器	金属波纹膨胀节、旋转补偿器、非金属膨胀节	同上
	压力管道密封元件	金属密封元件、非金属密封元件	同上
	压力管道特种元件	防腐管道元件、元件组合装置	同上
起重机械	桥式起重机	通用桥式起重机	车间内 PC 生产线、钢筋生产线桥式吊
	门式起重机	通用门式起重机	PC 构件堆场内门吊
	流动式起重机	轮胎起重机、履带起重机	堆场内轮胎汽车吊
特种车辆	机动工业车辆	叉车	车间内、堆场使用的叉车
	非公路用旅游观光车辆	电瓶观光车	PC 工厂内电瓶车

种类	类　别	品　种	PC 工厂内特种设备
安全附件		安全阀、爆破片装置、紧急切断阀、气瓶阀门	车间内气割、焊接用安全阀门等；PC 生产线和钢筋生产线上的安全阀门等

注：1. 压力容器，是指盛装气体或者液体、承载一定压力的密闭设备，其范围规定为最高工作压力大于或者等于 0.1MPa（表压）的气体、液化气体和最高工作温度高于或者等于标准沸点的液体、容积大于或者等于 30L 且内直径（非圆形截面指截面内边界最大几何尺寸）大于或者等于 150mm 的固定式容器和移动式容器；盛装公称工作压力大于或者等于 0.2MPa（表压），且压力与容积的乘积大于或者等于 1.0MPa·L 的气体、液化气体和标准沸点等于或者低于 60℃ 液体的气瓶；氧舱。

  2. 压力管道，是指利用一定的压力，用于输送气体或者液体的管状设备，其范围规定为最高工作压力大于或者等于 0.1MPa（表压），介质为气体、液化气体、蒸汽或者可燃、易爆、有毒、有腐蚀性、最高工作温度高于或者等于标准沸点的液体，且公称直径大于或者等于 50mm 的管道。公称直径小于 150mm，且其最高工作压力小于 1.6MPa（表压）的输送无毒、不可燃、无腐蚀性气体的管道和设备本体所属管道除外。

  3. 起重机械，是指用于垂直升降或者垂直升降并水平移动重物的机电设备，其范围规定为额定起重量大于或者等于 0.5t 的升降机；额定起重量大于或者等于 3t（或额定起重力矩大于或者等于 40t·m 的塔式起重机，或生产率大于或者等于 300t/h 的装卸桥），且提升高度大于或者等于 2m 的起重机；层数大于或者等于 2 层的机械式停车设备。

  4. 场（厂）内专用机动车辆，是指除道路交通、农用车辆以外仅在工厂厂区、旅游景区、游乐场所等特定区域使用的专用机动车辆。

2）PC 工厂特种作业人员

PC 工厂的特种作业人员有起重工（车间、堆场）、电工、电焊工、锅炉工、管道工、叉车司机等。

3. 产业工人培训

1）从事这些职业（工种）的人员必须达到相应的职业技能要求，其中的特殊工种必须取得当地安监局和技术监督局考核颁发相应的职业资格证书。

PC 工厂在与劳动者签订劳动合同时，把从事特殊工种的人员是否持有职业资格证书作为建立劳动关系的一项前提内容。

2）签订正式用工合同前，组织相关专业管理人员对入厂工人进行实际技能的考核。考核合格者签订劳务用工合同，不合格者退回原单位。

3）对进场工人进行工作之前的培训。

根据相应的职业要求，对工人进行系统培训，使工人掌握相应技工的技术理论知识和操作技能。全面了解 PC 生产线的生产知识，掌握安全操作要点和车间内的危险源。

根据工人特长及兴趣，合理安排岗位，明确岗位职责。

4）PC 生产线培训人员及培训要点

（1）PC 生产线上各岗位人员：混凝土工、模板工、木工、测量工、电工、电机检修工、电气检修工、生产线各工位操作手等。

（2）PC 生产线上各岗位培训要点：

了解整个车间内各条生产线的布局、车间管理办法。

掌握 PC 生产线的工艺流程、生产要素，各个生产工位的操作要点。

掌握自己所在生产工位、生产岗位的全部职责和全部工作要求。

掌握自己所在生产工位、生产岗位的危险源管控、安全工作要点。

5）钢筋生产线培训人员及培训要点

（1）钢筋生产线上的各岗位人员：电工、电机检修工、电气检修工、钢筋自动加工流水线操作手等。

（2）钢筋生产线上各岗位培训要点：

了解整个车间内各条生产线的布局、车间管理办法。

掌握钢筋生产线的工艺流程、生产要素，各钢筋生产线和钢筋加工设备的操作要点。

掌握自己生产岗位的全部职责和全部工作要求。

掌握自己生产岗位的危险源管控、安全工作要点。

6）混凝土拌合站培训人员及培训要点

（1）混凝土拌合站各岗位人员：装载机司机、电工、试验工、拌合站操作室操作手等。

（2）混凝土拌合站各岗位培训要点：

了解 PC 生产线与拌合站之间的布局关系和生产运输线路的走向、拌合站管理办法。

了解 PC 生产线的工艺流程、生产要素，与混凝土施工有关系的各生产工位（一次浇筑混凝土、振捣混凝土、二次浇筑混凝土等）的操作要点。

掌握拌合站拌合混凝土的工艺流程、生产要素，配料机、水泥仓、输送带、混凝土输送料斗等各个生产单元的操作要点。

掌握自己所在混凝土拌合站生产单元、生产岗位的全部职责和全部工作要求。

掌握自己所在混凝土拌合站生产单元、生产岗位的危险源管控、安全工作要点。

7）锅炉房培训人员及要点

（1）锅炉房各岗位人员：司炉工、锅炉检修工、管道检修工等。

（2）锅炉房各岗位培训要点：

了解 PC 生产线与锅炉房之间的布局关系和蒸汽管道的走向、锅炉房管理办法。

了解 PC 生产线的工艺流程、生产要素，与混凝土蒸养有关的各生产工位（预养窑、蒸养窑、养护池等）的操作要点。

掌握锅炉房生产高压蒸汽的工艺流程、生产要素，掌握主机、辅机、管道、法兰和阀门等各个组成单元的操作检查要点。

掌握自己所在锅炉房组成单元、生产岗位的全部职责和全部工作要求。

掌握自己所在锅炉房组成单元、生产岗位的危险源管控、安全工作要点。

8）构件起吊运输培训人员及培训要点

（1）构件起吊运输各岗位人员：堆放搬运装卸工、起重工、叉车司机、平板车司机等。

（2）构件起吊运输各岗位培训要点：

了解整个车间内各条生产线的布局、车间管理办法。

掌握 PC 生产线的工艺流程、生产要素，与构件起吊运输相关的设备和生产工位（翻板机、构件检查、堆场门吊起吊等）的操作要点。

掌握翻板机、桥吊、门吊的操作工作流程，掌握扁担梁、接驳器、钢丝绳和吊装带、桥吊和门吊各部位等各个辅助工器具和设备组成单元的检查要点。

掌握自己所在生产工位、生产岗位的全部职责和全部工作要求。

掌握自己所在生产工位、生产岗位的危险源管控、安全工作要点。

4 构件生产工艺及流程

4.1 构件生产工艺介绍

4.1.1 工厂化与现场预制

1) PC 构件的生产分游牧式工厂预制（现场预制）和固定式工厂预制二种形式。其中现场预制分为露天预制、简易棚架预制。工厂预制也有露天预制与室内预制之分。

近些年，随着机械化程度的提高和标准化的要求，工厂化预制逐渐增多。目前大部分 PC 构件为工厂化室内预制。

无论何种预制方式，均应根据预制工程量的多少、构件的尺寸及重量、运输距离、经济效益等因素，理性进行选择，最终达到保证构件的预制质量和经济效益的目的。

2) 平模工艺是目前 PC 构件的主流生产工艺。

根据模台的运动与否，PC 预制构件生产工艺分为平模传送流水线法和固定模位法（图 4.1-1）。本书只就目前 PC 生产中常用的几种预制工艺进行介绍。

图 4.1-1 PC 构件生产工艺分类

4.1.2 生产工艺介绍

PC 生产系统由 PC 生产线、钢筋生产线、混凝土拌合运输、蒸汽生产输送、车间门吊起运等五大生产系统组成。其中 PC 生产线为主线，钢筋生产线、混凝土拌合运输、蒸汽生产输送和门吊起运系统为辅助。

1. 环形平模传送流水线

平模传送流水线一般为环形布置，适用于构件几何尺寸规整的板类构件，例如：三明治外墙板、内墙板、叠合板等。具有效率高、能耗低的优势，但一次性投入的资金大，是目前国内普遍采用的 PC 构件生产流水线方式。

以生产三明治外墙板为例，在平模传送流水生产线中，有模台清扫、隔离剂喷涂、画线、内叶板模板钢筋安装、预埋件安装、一次浇筑混凝土、混凝土振捣、外叶板模板安装、保温板安放、连接件安装、外叶板钢筋网片安装、预埋件安装、二次浇筑混凝土、振捣刮平、构件预养护、构件抹光、构件蒸养、构件脱模、墙板吊运、修复检查、清洗打码等21道生产工序。

平模传送PC流水生产线由驱动轮、从动轮、模台、清扫喷涂机、画线机、布料机、振动台、振捣刮平机、拉毛机、预养护窑、抹光机、码垛机、立体蒸养窑、翻板机、平移车等机械设备共同组成（图4.1-2）。

图4.1-2 环形平模传送流水线车间实景

2. 柔性平模传送流水线

柔性平模传送流水线是在近些年在传统平模传送流水线只能生产单一产品，兼容性差，不能很好地释放生产线产能的情况下，受机械、电子制造业的柔性生产线启发而产生的一种最大程度释放生产线产能，提高经济效益的新型PC流水生产线（图4.1-3）。

它具有适应性强、灵活性高的特点，在同一条生产线上，能同时生产多种不同规格的PC构件。极大地提高了生产线的产能，发挥出机械化优势，快速摊薄生产线的投入成本，缩短成本回收周期。

目前，国内的柔性平模传送流水线尚处于研发试验阶段，尚未被大量应用。本书只作前瞻性介绍。柔性生产线与传统平模传送流水线相比，具有以下特点：

1）针对不同PC构件混凝土标号的不同和混凝土配合比的差异，柔性生产线会增加拌合站料仓的个数，安装多台混凝土搅拌设备，为拓宽PC产品的外延性提供硬件支持。

2）在模具的设计上，以最大构件的模具为控制尺寸。在一张流转模台上，最大尺寸的PC构件只预制1～2件。而中、小尺寸的PC构件则以组合模具的模块化形式，一次生产诸多件。达到在一条生产线上共同循环生产的目的。同时提高养护窑的利用率。

3）在规划柔性生产线时，针对不同体量、不同配合比的PC构件，要对养护窑进行分仓设计。能分仓供热、各个仓室有独立的温度监控系统。

4）根据不同PC构件存在不同流水节拍的特点，在某个工位进行"到发线"或"蓄水池"式设计。即将大于整个流水节拍时间的复杂工位进行横向移动设计，让模台能横移至"到发线"工位后，进行相对复杂的安装生产作业。

待本工位的工作完成后，再复位到流水线中，进入下一工位。

开拓并利用车间内各种工位上下左右的立体空间，采用全方位立体交叉的生产工艺设计。例如在预养窑顶部设计立体通过性的工位，让PC构件在预养窑顶部的工位上，进行与下部 PC 构件不同生产工艺的构件生产过程。

　　5）针对使构件混凝土密实的技术要求，可以采取使用自密型混凝土进行差异化补偿的措施，也可以根据不同 PC 构件的不同工艺路线，设置梯度分明、层次合理的混凝土振捣工位，满足不同 PC 构件预制生产需要。

图 4.1-3　柔性平模传送流水线实景图

3. 固定模位法

　　固定模位法适用于构件几何尺寸不规整，超长、超宽、超重的异形 PC 构件。例如楼梯、阳台、飘窗、PCF 板等。

　　固定模台生产线即可设置在车间内，也可设置在施工现场。此种工艺具有投资少、操作简便的优点，但也有效率低、能耗高、速度慢等缺点。

　　在建筑工地一隅开辟出预制场地，进行大型构件的现场生产，可以减轻 PC 构件运输的压力，同时大大降低工程成本。

　　根据模板的水平与否，固定模位法分为平模法、立模法二种（图 4.1-4、图 4.1-5）。

4. 长线台座法

　　对于板式预应力构件，如普通预应力楼板，一般采用挤压拉模工艺进行预制生产。

　　对于预应力叠合楼板，通常采用长线预制台座进行成批次预制生产。每个台位的预应力筋张拉到设计值后，浇筑混凝土并振捣（图 4.1-6）。

　　非预应力叠合板、柱亦可采用长线台座法预制生产（图 4.1-7）。

　　实际此类工艺亦属于固定模位法。

图 4.1-4　固定模位平模机组流水法生产　　　　图 4.1-5　固定模位立模法生产

图 4.1-6 叠合板长线台座生产线实景图

图 4.1-7 预制柱长线台座法生产实景图

4.2 三明治外墙板生产工艺

4.2.1 墙板生产工艺

1）墙板生产共有三大生产工艺：平模、挤出、立模。

立模有单组模腔、双组模腔（靠模）、多组模腔等工艺。常见的挤出工艺有挤压成型机、振动拉模法等。平模工艺是目前 PC 构件的主流生产工艺。

2）其中平模预制生产三明治外墙的方式分为正打法（图 4.2-1）、反打法（图 4.2-2）。

所谓正打法，首先进行内叶板混凝土的浇筑生产，然后组装外叶板模板、安装保温层、拉结件、外叶板钢筋后，浇筑外叶板混凝土。反之，则是反打法。

图 4.2-1 正打法墙板生产

图 4.2-2 反打法墙板生产

正打法的优点是浇筑内墙板时，可通过吸附式磁铁工装将各种预留预埋进行固定，方便、快捷、简单、规整。但相对加大了外叶板抹面收光的工作量，外叶板抹面收光后的平整度和光洁度会相对较差。

反打法优点是外叶板的平整度和光洁度高。缺点是在浇筑内叶板混凝土时，会对已浇筑的外叶板混凝土和刚刚安装的保温层造成很大的压力，造成保温层四周的翘曲。

由于内叶板面存在较多的预留预埋，不利于振动赶平机的作业，同时振动赶平机对于20cm 厚的内叶板的振捣质量，与 5cm 厚的外叶板相比较差，要采用人工辅助振捣。

相对而言，正打法适合于自动化流水线生产。

4.2.2　正打法生产工艺

以正打法为例，介绍三明治 PC 外墙板预制生产的各道工序（图 4.2-3）。

实心墙板的预制生产与之相比，缺少一次模板组装、混凝土浇筑和保温板安放的工序。

图 4.2-3　正打法流程图

1）模台面清理

模台在翻板机位侧向竖起 80°，桁吊将 PC 构件吊起运走。翻板机放平后，模台前行至清扫机位（图 4.2-4）。清扫机将台面上零星混凝土碎块、砂浆等杂物，自动归纳进废料收集斗。同时，滚刷进行模台表面光洁度的刷洗处理，清扫过程中产生的粉尘被收集到除尘器。

如果模台通过清扫机后的清扫效果不佳，需人工手持角磨机，进行二次清除和打磨。

应定期清理清扫机中的废料箱、除尘器收集箱和滤筒，保证机器的正常使用。

图 4.2-4　清扫机作业

2）喷涂、画线

模台清扫打磨干净后，运行至喷涂机位前（图 4.2-5）。

随着模台端部进入到喷涂机，喷油嘴开始自动进行隔离剂的雾化喷涂作业。可通过调整作业喷嘴的数量、喷涂的角度和时间来调整模台面隔离剂喷涂的厚度、宽度、长度。

喷涂完毕，模台运行至画线工位（图 4.2-6）。画线机识别读取数据库内输入的构件加工图和生产数量，在模台面进行单个或多个构件的轮廓线（模板边线）、预埋件安装位置的喷绘。有门窗洞口的墙板，应绘制出门洞、窗口的轮廓线。

要定期清理喷涂机和画线机的喷嘴，确保机器工作正常。

储料斗要定期检查，油料不足时应及时添加。

特殊情况时，可将生产线切换到人工模式。根据预制构件的生产数量、构件的几何尺寸，人工在模台面上绘制定位轴线，进而绘制出每个构件的内、外侧模板线。

图 4.2-5　模台喷涂作业

图 4.2-6　画线机作业

3）组装内叶板模板、安装钢筋笼

喷涂画线工作结束后，模台输送到内叶板组模和钢筋安装工位。

清理干净内叶模板后，工人按照已画好的组装边线，进行内叶板模板的安装。按照边线尺寸先安放内叶模板的侧板，再安装另外两块端模，拧紧侧模与端模之间的连接螺栓（图 4.2-7）。螺栓连接后，模板外侧用磁盒加固。

将绑扎好的内叶板钢筋网笼吊入模板（图 4.2-8），并安装好垫块。

在模板表面涂刷隔离剂。涂刷要均匀，不漏刷，不流淌。一般涂刷两遍。

图 4.2-7　内叶板模具组装　　　　　　　图 4.2-8　内叶板钢筋安放

4）安装预留、预埋件

组模和钢筋安装完成后，模台运转到预埋件安装工位。开始安装钢筋连接灌浆套筒（图 4.2-9）、浆锚搭接管（图 4.2-10）、支撑点内螺旋、构件吊点、模板加固内螺旋、电线盒、穿线管等各种预埋件和预留工装。

（1）钢筋连接灌浆套筒

按材质分，钢筋连接灌浆套筒分为球墨铸铁、碳素钢两种。

按结构形式分为半灌浆套筒、全灌浆套筒。其中国内具有代表性的套筒是现代营造的球墨铸铁半灌浆套筒，思达建茂的碳素结构钢切削加工的半灌浆套筒和全灌浆套筒。

图 4.2-9　正打法半灌浆套筒安装　　　　图 4.2-10　中南 NPC 浆锚钢筋搭接

在正打法预制生产中，与套筒进出浆孔相连的波纹软管的另一端被固定磁座向下吸附于模台面上。反打法中采用 PVC 硬质塑料注浆管，下端与套筒进出浆孔相连固定，上端口伸出浇筑混凝土表面，并封闭，防止浆液进入堵塞注浆孔。钢筋连接灌浆套筒固定工装的橡胶塞一端，塞入套筒口内，另一端螺栓穿过模板上的开孔。逐渐拧紧固定螺丝，橡胶塞被压缩膨胀后，与套筒口紧密结合，于是整个钢筋连接灌浆套筒就固定于模板开孔的位置。目前，国内还有浆锚钢筋搭接的连接方式，例如中南 NPC（图 4.2-10）。

（2）构件安装支撑点内螺栓连接件、模板加固内螺旋外墙板的安装支撑点、现浇段模板连接固定点，均可采用磁性底座，将内螺旋连接件吸附固定于模台之上（图 4.2-11）。

图 4.2-11　内螺旋连接件安装

（3）构件吊点

外墙板的吊点可采用与构件重量相对应的吊钉（图 4.2-12），也可用钢筋自行加工 U 形吊环。每块墙板两个吊点或吊环，预埋在内叶板顶部。

图 4.2-12　吊钉安装

（4）电线盒和穿线管

采用方形、八角形磁性底座将电线盒吸附固定在模台上。穿线管与电盒连接后，用扎丝绑扎固定在邻近的钢筋上（图 4.2-13）。

（5）预留孔洞

后浇段加固模板采用穿心式设计。在外墙板预制时预留穿墙孔洞，通过穿墙螺杆加固模板。

在外墙板底部用圆形磁性底座固定 PVC 管，预留出空调连接管路进出的通道。

（6）窗口木砖

如果采用后装法安装窗户，则需要在预制墙板时，提前将木砖安装固定妥当。

图 4.2-13　电线盒、穿线管安装

5）一次浇筑、振捣内叶板混凝土

模板、钢筋和预留、预埋件安装完毕后，模台运行至一次混凝土浇筑工位。再次对模板、钢筋，预留、预埋件进行检查。符合验收要求后，抬升模台并锁定在振动台上，根据构件混凝土厚度、混凝土方量调整振动频率和时间，确保混凝土振捣密实。

输送料斗通过上悬式轨道，从搅拌站将拌合好的混凝土输送至车间内布料机的上方，进行卸料作业。布料机往内叶板内自动布料时，需要根据构件浇筑宽度、有无开口、混凝土坍落度等参数设置浇筑程序，调整布料机自动分段和开口参数。也可以手动布料（图4.2-14）。

内叶板混凝土浇筑振捣完成后，用木抹将混凝土表面抹平，确保表面平整。

每次工作完毕后，要及时清理和清洗混凝土输料斗、布料斗。清理出的废料、废水要转运至垃圾站处理。

振动完成后，振动台下降到模台底与导向轮、支撑轮接触，模台流转到下一个工位。

图 4.2-14　浇筑内叶板混凝土

6）组装外叶板模板、安装保温板

工人在桁吊辅助下，安装上层的外叶板模板，上下层模板采用螺栓连接固定牢固。在模板表面涂刷隔离剂。

在内叶板混凝土未初凝前，将加工拼装好的保温板逐块在外叶模板内安放铺装，使保温板与混凝土面充分接触，保温板整体表面要平整。

保温板要提前按照构件形状，设计切割成型，并在模台外完成试拼。

7）安装连接件和外叶板钢筋

（1）采用玻璃纤维连接件时（图4.2-15），在铺设好的保温板上，按照连接件设计图中的几何位置，进行开孔。将连接件穿过孔洞，插入内叶板混凝土，将连接件旋转90°后固定。

采用套筒式、平板式、别针式、桁架式的钢制连接件（图4.2-16），则根据需要，用裁纸刀在挤塑板上开缝，或将整块保温板裁剪成块，围绕连接件逐块铺设。

必须按照厂家提供的连接件布置图，进行连接件的布置安装，且经过受力验算合格。

在保温板安装完毕后，用胶枪将板缝、连接件安装留下的圆形孔洞注胶封闭。

（2）桁吊将加工好的钢筋网片铺设到保温板上的外叶板模板内，安装垫块，保证保护层厚度。尽量不要碰撞已安装好的连接件。对在钢筋安装过程中，被触碰移位的连接件，要重新就位。

图4.2-15 安装玻璃纤维连接件

图4.2-16 安装外叶板钢筋网片

8）二次浇筑、刮平振捣外叶板混凝土

（1）在二次浇筑工位，检查校核外叶板模板尺寸和钢筋网保护层，确保符合设计和施工规范要求后进行外叶板混凝土的浇筑。浇筑混凝土时，人工辅助整平，使混凝土的高度略高于模板。

（2）进入振捣刮平工位后，振捣刮平梁对混凝土表面，边振捣边刮平，直到混凝土表面出浆平整为止（图4.2-17）。根据外叶板混凝土的厚度，调整振捣刮平梁的振频，确保混凝土振捣密实。可局部人工再次刮平修整。

9）构件预养护、板面抹光

（1）构件外叶板完成表面振捣刮平后，进入预养护窑内（图4.2-18），对构件混凝土进行短时间的养护。

通过干蒸，利用蒸汽管道散发的热量维持预养窑内的温度。窑内温度控制30～35℃之间，最高温度不得超过40℃。

（2）在预养窑内的PC构件完成初凝，达到一定强度后，出预养窑，进入抹光工位（图4.2-19）。抹光机对构件外叶板面层进行搓平抹光。如果构件表面平整度、光洁度不符合规范要求，要再次作业。

图 4.2-17 振捣赶平外叶板混凝土

图 4.2-18 构件预养护作业

图 4.2-19 构件抹光作业

10）构件养护

构件抹光作业结束后，进入蒸养工位，码垛机将 PC 构件连同模台一起送入立体蒸养窑蒸养（图 4.2-20）。

图 4.2-20 码垛机作业

立体蒸养采取湿蒸的养护方式，自动控制窑内的温度、湿度。最高温度不超过 60℃，升温速度不大于 15℃/h，降温速度不大于 20℃/h，恒温温度不大于 60℃。

PC 构件在蒸养窑内恒温蒸养 8～10h，混凝土强度达到脱模、吊装要求后，码垛机将模台和构件从蒸养窑内取出，进入到下一工位。

11）构件拆模、起运、清洗、修补

（1）拆模前，用专用撬棍松动固定磁盒，解除锁定。再用扳手松开去除模板上的螺栓后，桁吊配合拆除起运模板。模板清理干净后转运到下一模板组装工位。

（2）已拆除模具后的构件在模台上（图 4.2-21），运行至墙板起吊工位。安装快速接驳器和吊具，翻板机将墙板倾斜状竖起后起吊，将 PC 构件吊至清洗修补工位。

（3）根据拆模起运后构件的表观质量，清洗构件，对破损的部位进行适当修补。然后运至指定位置堆放，并牢固固定构件。

图 4.2-21　正打法外墙板脱模

4.2.3　窗框预安装工艺

1）预埋法：在工厂预制生产构件时，将窗框预埋在墙体中。

先做一个限位框，大小同窗框内径。安装窗框前，采用限位框把窗框固定牢靠。在内叶板模板安装后，将固定好的窗框放入墙板内模。其下面为窗洞钢模，以固定窗框的上下位置。确保窗框位于内叶板靠室外一侧 5cm 的位置。

吊装安放内叶板钢筋笼后，安装窗框与内叶板混凝土连接的拉结件。拉结件在内叶板内的尾端安装拉筋。窗框与模板接触面采用双面胶密封。门窗装入洞口后应横平竖直，外框与洞口连接牢固，不得直接埋入墙体。门窗框安装固定后，框与墙体间应间隔均匀，用密封材料填充至饱满密实。

检查各个部件的固定情况，确定位置准确，固定牢靠后，浇筑内叶板混凝土。

2）预留洞口法

在生产外墙板时，按图纸设计预留门窗洞口。

待构件预制完成后，在车间内将门窗框安装到洞口处。同样避免了在工地安装门窗质量不稳定的情况，提高了安装效率。

4.2.4　墙板外饰面加工工艺

外墙板面采用装饰一体化的设计时，一般采用反向预铺瓷砖，水平浇筑混凝土一次成型反打工艺，或者是塑胶定型整体浇筑成型这两种生产加工工艺。

可在外墙构件预制完成后，在室内直接进行外饰面的装修作业（图4.2-22）。相对传统室外高空作业，室内装修作业具有施工容易、固定牢靠、安全方便的特点。

图4.2-22　外饰面室内贴装

1. 墙板外饰面反打工艺

1）外装饰面砖的图案、分隔、色彩、尺寸需要和设计要求一致，做饰面大样图。

2）面砖铺贴前，先按照外装饰敷设大样图中的编号分类摆放，并对模具进行清理。

3）按照图纸中的每块面砖的位置尺寸和标高，在模具底模的分区内，逐个将背面有鱼尾槽或连接钩的瓷砖敷设进去（图4.2-23、图4.2-24），并固定和校正面砖位置。

4）面砖敷设后表面要平整，接缝应顺直，接缝的宽度和深度应符合设计要求。

图4.2-23　外饰面反打施工　　　　　　　　图4.2-24　外饰面反打施工

2. 如果采用现浇混凝土塑造墙板的外饰面，就要采用塑胶定型的工艺。

1）根据墙板的外饰面设计，对瓷砖、大理石，或者有纹理、有文字的装饰材料进行塑胶定型后提取出带图案和造型的塑胶模型（图4.2-25）。

2）将带有装饰面凹凸或图案的塑胶底模铺设到模具内（图4.2-26），固定牢靠后浇筑混凝土，拆模去掉定型塑胶即可得到表面有特定造型的混凝土外墙板。

图 4.2-25　塑胶定型

图 4.2-26　塑胶定型

4.2.5　预制构件粗糙面工艺

构件与后浇混凝土、坐底砂浆、灌浆料结合处进行粗糙面处理，可以采用人工凿毛法、机械凿毛法（图 4.2-27）、化学缓凝水冲法（图 4.2-28），达到需要的表面效果。

图 4.2-27　机械凿毛法

图 4.2-28　化学缓凝水冲法

化学缓凝水冲法是指将高效缓凝剂涂抹在与混凝土面接触的模板内侧。浇筑构件混凝土后,与涂刷缓凝剂的模板面相接触的 3～5mm 厚范围内的混凝土,在缓凝剂的作用下,尚未凝固。用高压水冲洗构件表层,使碎石外露而形成粗糙表面。

化学缓凝法具有操作简单、效率快、粗糙面处理质量高的优点。但是缓凝剂会对环境造成污染,需要对冲洗后的废水进行集中处理后方可排放。

4.2.6 生产辅料与辅助工具

预制生产中所需的生产辅材与辅助工具,见表 4.2-1。

生产辅材与辅助工具　　　　　　　　　　　　表 4.2-1

类别	序号	分类	内　　容
生产辅材	1	钢筋加工安装	机油、液压油、焊条、氧气、乙炔、扎丝、连接套筒、马镫
	2	模板处理	薄片砂轮、橡胶砂轮、锯片、钢丝轮、洗衣粉、隔离剂、滑石笔、划粉
	3	预留预埋	钢筋连接灌浆套筒、波纹软管、PVC管、内螺旋连接件、吊钉、吊环、电盒、波纹硬管、外挂墙板连接件、玻璃纤维连接件、钢制连接件、保温板、木砖
	4	其他	混凝土减水剂、混凝土缓凝剂、混凝土早强剂、混凝土养护剂
辅助工具	5	清理打磨	铲刀、刮刀、角磨机、电动砂轮机、刷子、扫帚、抹布
	6	模板安装拆卸	空压机、电动式旋转锤钻、钻床、各类扳手、磁性底座、胶波、固定磁盒、专用磁铁撬棍、铁锤、橡胶锤、线绳、墨斗、电圆锯、木工机床、手提皮桶
	7	钢筋加工安装	套丝机、电焊机、扎丝钩、电动钢筋捆扎机、堵漏塑料卡条、堵漏塑胶卡环
	8	挤塑板安装	裁纸刀、打孔器、电钻、胶枪、皮锤
	9	混凝土施工	插入式振捣器、平板振捣器、料斗、木抹、铁抹、铁锹、铁皮、刮板、铝质靠尺、拉毛笆子、喷壶、温度计、手提桶
	10	构件堆放	木方、构件堆放架、构件存放架
	11	检查测量	三角尺、三米直尺(塞尺)、钢卷尺、拐尺、精密水准仪、塔尺、水平管、线绳、锤球
	12	试验检测	坍落度仪、回弹仪、钢尺
	13	指挥工具	对讲机、哨子、旗子
	14	起重	5～10t 桁机、扁担梁、吊索、卡环、快速接驳器、钢丝绳、吊装带、倒链
	15	运输	构件运输车、平板转运车、叉车、装载机

4.2.7 生产人员组织

三明治外墙板流水线(以正打工艺为例)所需工种及人数,见表 4.2-2。

正打法流水线生产人员   表 4.2-2

序号	岗位名称	单班定员	单班工种及人数
1	班长	1	—
2	中控室	2	—
3	拆模（喷号）	3	模板工2人、桁吊司机1人
4	翻板（装车）	3	辅助工2人、桁吊司机1人
5	清模		
6	喷油	2	辅助工1人、操作手1人
7	画线		
8	安装内叶板边模	6	模板工2人、桁吊司机1人
9	吊装内叶板钢筋		钢筋工2人、桁吊司机1人
10	安装预埋件	3	辅助工3人
11	一次浇筑振捣收面	3	混凝土工1人、辅助工1人、操作手1人
12	安装外叶板边模	3	模板工2人、桁吊司机1人
13	挤塑板安装（含连接件）	2	辅助工2人
14	装外叶板钢筋	3	钢筋工2人、桁吊司机1人
15	二次浇筑	3	辅助工2人、操作手1人
16	振捣刮平	2	辅助工1人、操作手1人
17	抹光	2	辅助工1人、操作手1人
		38人	考虑临近工位共用一个桁吊司机，共需38人

注：1. 不含钢筋生产线工人和生产线管理人员。

　　2. 以桁吊为工具，进行模板和钢筋吊装，人工辅助。

　　3. 一个桁吊司机服务模板与钢筋吊装两个工位。

　　4. 工人可酌情考虑兼顾临近的工位。

4.3　叠合楼板固定模位法生产工艺

叠合楼板预制非常适合于平模传送流水线法，具有生产效率高，产量大的特点。也可在车间内的固定模台上生产，采取叉车端运、桁吊吊运、桁吊与混凝土搅拌运输车配合运输混凝土等多种预制生产方式。

在游牧式预制厂中，同样可采取多种灵活的设备组合方式。龙门吊与混凝土搅拌运输车组合时，龙门吊可浇筑混凝土，也吊运构件。其余还有汽车吊与混凝土搅拌运输车；汽车吊与叉车；龙门吊与叉车等多种机械组合模式。

以固定模位法介绍叠合楼板的预制生产过程（图 4.3-1）。

1. 模台清理

检查固定模台的稳固性能和水平高差，确保模台牢固和水平。对模台表面进行打磨处理，确保模台面无锈迹。

2. 模具组拼

将钢模清理干净，无残留砂浆。

在吊机配合下，人工辅助进行模板侧模和端模拼装，用紧固螺栓将其固定，保证模具侧模的拼装尺寸及垂直度。

图 4.3-1　叠合板固定模位法流程图

3. 涂刷隔离剂

在将成型钢筋吊装入模之前，在模板侧面和模台上涂刷隔离剂，防止将隔离剂涂刷到钢筋上。用抹布或海绵吸附清理过多已流淌的隔离剂。

4. 钢筋骨架绑扎安装

在钢筋网绑扎台位，将叠合楼板钢筋网片绑扎成型。龙门吊或汽车吊将钢筋网骨架吊放入模具，梅花状布置垫块，确保保护层厚度。

5. 安装预埋件、预留孔洞

安装构件加工图所示，进行预埋件的安装和预留孔洞工装的布设。叠合板预埋件主要是电盒（图 4.3-2）、吊环。一般的预留孔洞为上下水套管、叠合楼板设计缺口（图 4.3-3）等。

6. 浇筑混凝土

露天进行固定模台预制叠合楼板时，可用吊车吊运料斗浇筑混凝土，也用叉车端送混凝土料斗，龙门吊布料浇筑。车间内混凝土的运输多采用悬挂式输送料斗。

如果模台下未安装振动器，振捣时可采用振捣棒或平板振动器。振捣标准为混凝土表面泛浆，不再下沉，无气泡溢出。

7. 混凝土抹面、拉毛

混凝土振捣密实后，用木抹抹平叠合楼板表面。流水生产线一般采用拉毛机进行机械拉毛，加大叠合楼板顶面混凝土的粗糙度。在固定模台上生产时，一般采用人工拖拽拉毛器进行拉毛（图 4.3-4）。

图 4.3-2 叠合板电盒安装

图 4.3-3 叠合板预留孔洞

图 4.3-4 人工拉毛作业

8. 养护

在固定模台浇筑完 PC 构件后，可采用移动式拱形棚架、拉链棚架将构件连同模台一起封闭，通蒸汽养生（图 4.3-5）的方式，也可采用覆盖塑料薄膜自然养生，或覆盖草苫洒水养生的方法。

应根据现场条件、气候和天气等因素，综合考虑选取。

（a）　　　　　　　　　　　　　　　　　　（b）

图 4.3-5 叠合板蒸汽养生

（a）覆盖养护棚架；（b）通蒸汽养生

4.4 楼梯立式、卧式固定模位法生产工艺

目前，楼梯预制有二种生产工艺，即立模浇筑法、卧模浇筑法。

4.4.1 楼梯立式预制生产工艺

楼梯立式预制生产工艺，具有生产速度快、抹面和收光工作量小的优点。

1. 模具清理、喷涂刷油

打开模具丝杠连接，将立式楼梯模具活动一侧滑出。检查楼梯模具的稳固性能及几何尺寸的误差、平整度。对楼梯模具的表面，进行抛光打磨，确保模具光洁、无锈迹。

2. 钢筋加工绑扎

在地面绑扎工位，在支架上按照设计图纸要求绑扎楼梯钢筋，并绑扎垫块。

3. 楼梯钢筋入模就位、预埋件安装

使用桥式门吊将绑好的楼梯钢筋骨架吊入楼梯模具内（图 4.4-1），调整垫块保证混凝土保护层厚度。预埋件采用螺栓，穿过模具预留孔安装固定好。

4. 合模、加固

使用密封胶条，在模具周边的密封。将移动一侧的模板滑回，与固定一侧模板合在一起，关闭模具，用连接杆将模具固定，并紧固螺栓。

5. 浇筑、振捣混凝土

桥式门吊吊运装满混凝土的料斗至楼梯模具上，打开布料口卸料（图 4.4-2）。按照分层、对称、均匀的原则，每 20～30cm 一层浇筑混凝土。振动棒应快插慢拔，每次振捣时间 20～30s。以混凝土停止下沉、表面泛浆，不冒气泡为止。也可以通过楼梯模具外侧的附着式振动器，进行楼梯混凝土的振捣密实。

图 4.4-1 安装楼梯钢筋

图 4.4-2 浇筑楼梯混凝土

6. 楼梯侧面抹面、收光

浇筑至模具的顶面后，进行抹面。静置 1h 后，进行抹光。

7. 养护

楼梯混凝土外露面抹光，罩上养护棚架，静置 2h 后，开始升温养护。楼梯混凝土的蒸养，按照相关技术规范及要求进行。

8. 拆模、吊运

拆模顺序是先松开预埋件螺栓的紧固螺丝，再解除二块侧模之间的拉杆连接，然后再横移滑出一侧的模板。用撬棍轻轻移动楼梯构件，穿入吊钩后慢慢起吊（图 4.4-3），门吊吊运楼梯构件至车间内临时堆放场地，进行检查清洗打号。

图 4.4-3 成组楼梯构件起吊

4.4.2 楼梯卧式预制生产工艺

卧式楼梯的生产与立式楼梯的预制生产工艺除组模以外，其他过程基本一致，就是抹面收光的工作量大。

卧式楼梯模具的组模，先安放底模（锯齿状模板），再安装两侧的侧模和端模，然后用螺栓紧固，拆模则相反（图 4.4-4）。

（a）   （b）

图 4.4-4 楼梯卧式生产

（a）楼梯混凝土浇筑；（b）楼梯构件拆除侧模

4.5 先张预应力长线台座法生产工艺

1.20 世纪 70 年代中期,在挤压机和拉模机的助推下,长线台座工艺得到了进一步发展。挤压机的类型很多,主要用于生产空心楼板、梁、柱等构件。

挤压机安放在预应力钢丝上,以每分钟 1～2m 的速度沿台座纵向行进,边滑行边灌筑边振动加压,形成一条混凝土板带,然后按构件要求的长度切割成材。这种工艺具有投资少、设备简单、生产效率高等优点。拉模装配简易,在国内也已广泛采用。

2.目前,采用预应力长线台座,生产长条形构件比较常见。例如:叠合楼板、空心楼板、预应力梁(图 4.5-1)、双 T 板(图 4.5-2)等。桩、柱预制也可采用长线台座进行生产。

长线台座一般长度为 100～180m。

图 4.5-1 预应力梁长线台座　　　　图 4.5-2 双 T 板长线台座

长线预应力模位法与叠合板环形流水模位法的区别之处,在于模台的不移动。增加了预应力筋的安装、张拉、放张和切割环节。混凝土运输、振捣、养护方式也不同。

预应力双 T 板的生产有长线钢筋混凝土台座和特制钢模台座两种方式。

根据构件的大小、吨位、预应力筋的拉力大小,选择不同的张拉台座。吨位较低的小型构件一般选择墩式台座;张拉吨位大的大型构件选择槽式台座。设计时必须根据张拉吨位进行台座的安全验算,防止在张拉预应力筋的过程中,台座被压裂损坏,发生安全事故。

4.5.1 先张法预应力双 T 板预制生产工艺 (图 4.5-3)

1. 双 T 板台座的设计

1) 双 T 板长线台座设计

先张法双 T 板台座采用墩式台座,由传力台柱、座板、横梁组成。采取传力柱、横系梁共同受力的形式,以平衡预应力筋的张拉力。

台座的设计计算主要有:台座的抗倾覆验算、抗滑移验算、传力台墩的配筋计算、钢横梁的选取验算和混凝土台面水平承载力计算。

2) 双 T 板特制钢模台座

原理同墩式台座设计,以钢桁架为整体式钢制台座,以平衡预应力筋的张拉力。

图 4.5-3 先张法预应力双 T 板预制生产流程

2. 台座的施工与安装

1）预制场基底处理

预制场在台座开始施工前，先清除场地台座范围内松散的表土，用碎石回填，使台座的基础比四周的原地面稍高，用压路机碾压密实。在距台座的周边挖好排水沟。

2）台座施工

（1）台座混凝土施工

由台座中部向两端同时进行施工。先浇筑传力柱梁和横系梁的混凝土，再进行两端重力墩的施工。台座混凝土采用 C30 及以上标号的钢筋混凝土。

台座的张拉端、锚固端的台座混凝土需一次浇筑成型。施工中要保持左右两柱在安装横梁的一面处于同一条直线上，并使两墩受力面的连线垂直于台座轴线，以免传力柱承受扭矩造成应力集中而破坏传力柱。

（2）台座底板施工

台座底板是台座中的非受力部位，主要承受板的重量。施工时，使用水平仪观测控制台座底板的平整度。

（3）端部横梁安装

在端部横梁与传力柱端部的接触面处设置厚 2cm 钢板，防止受力不均压坏传力柱的端部混凝土。安装端部模板时要保证模板位置尺寸准确、支撑牢固，灌注混凝土时要振捣密实。预埋钢板上的焊接连接钢筋要伸入端部台座混凝土内。

张拉、锚固横梁截面采用 2 根 H45 型钢，通过 2cm 厚缀板连结。

钢横梁在张拉台座张拉端、锚固端横向通长布置，焊接在传力台墩的预埋钢板上。

3. 预制生产工艺

在台座混凝土强度达到 100% 后，才可进行双 T 板的预制生产。

1）先张法预应力双 T 板预制生产工艺

先张法预应力双 T 板生产工艺如图 4.5-3 所示。

2）先张法预应力双 T 板预制生产方法

（1）安装模板和钢筋

安装双 T 板内模后，依次安装二肋板的钢筋和预应力筋，将二次边模与内模合模后，绑扎面板钢筋和吊装环筋。在模板和钢筋安装过程中，一定确保双 T 板的保护层厚度符合规范要求（图 4.5-4、图 4.5-5）。

图 4.5-4 双 T 板模板安装　　　　　　　图 4.5-5 双 T 板钢筋安装

（2）张拉预应力筋

根据设计和现场实际，分别选择单根张拉或整体张拉。无论哪种形式，均应左右对称进行。为保证台座张拉时，受力对称均匀，张拉力合力与台座的轴心在一条直线上，采取逐根、对称、分级张拉。

（3）浇筑混凝土

混凝土浇筑时采用分层浇筑，且从一端向另一端的顺序下料，一次成型。

双 T 板构件的下部、肋板 1/2 以上至表面混凝土采用插入式振动器进行振捣，肋板 1/2 以下由平板式振捣器进行振捣，边角处用插入式振动器振捣时要面面俱到、不可漏振，振捣效果以混凝土表面产生混凝土浆无气泡为适度，并用木抹子将表面抹平即可。

振捣过程中为避免埋件等位置应注意检查模板，锚固端钢板及支座预埋件，保证其位置及尺寸符合设计要求，并在同时做到每榀板抽取混凝土试件一组。

（4）预应力筋放张

混凝土强度达到设计强度的 85% 以上时进行钢绞线放张，放张时要左右对称进行。

根据构件的受力体系确定放张次序。

轴心受压构件，应同时放张；偏心受预压的构件，应先放张预压力小的区域的预应力筋，再同时放张预应力大的区域的预应力筋。但都应分阶段、对称、交错放张。防止构件产生扭曲、裂纹、预应力筋的断裂。并且均应缓慢释放，防止对构件造成冲击。放张时，应拆除侧模，使构件能自由变形。

（5）台座监测

为便于对台座各部分的受力情况进行分析，在每个台座的传力柱、横系梁上设置观测点，张拉端及锚固端横向也设立观测点，每个观测点用钢筋头埋入混凝土内，并做好标记。

当台座预应力筋张拉到位后，测量人员对传力柱、横系梁上的预埋点进行持续观测和记录，并计算起拱度、轴线变形及位移量。

当观测值超出底座设计受力验算结果时，应立即停止生产，并释放已张拉的预应力筋。检查底座受力情况，并在采取补强措施后，方可恢复生产。

4.5.2　先张法预应力叠合板预制生产工艺

预应力叠合板生产工艺同双 T 板生产工艺基本一致（图 4.5-6、图 4.5-7）。

由于预应力楼板（叠合板等）所采用钢丝的张拉力远远小于双 T 板的钢绞线受力，所以其传力柱、横梁设计标准要远低于双 T 板的台座设计。

图 4.5-6　叠合板长线台座预应力筋布设　　　图 4.5-7　叠合板长线台座预应力筋张拉

4.6　复合墙板立式生产工艺

墙板立式预制法的优点在于只有一个侧面需要抹面、收光；用工量少，生产迅速，效率高；构件外形平整、美观。另一个优点是设备占地空间小，以成组立模的形式来批量生产。

墙板立式生产预制的历史较为悠久，从单一的单组模腔到双组模腔，即"靠模"。后来发展为多组模腔。目前，成组立模的模腔数多为 8、10、12、16、20 组。

目前，成组立模的结构种类有半拆式立模、全拆式立模、悬挂式立模、芯模固定等形式，且多用于生产复合材料的内外墙板。例如：复合夹芯板：聚苯颗粒水泥夹芯板、泡沫石膏夹芯板等；轻质混凝土条板、石膏类条板。

4.6.1　模具设计及组装

成组立模模具通常由底模（底座）、侧模隔板、端模堵板、加固系统组成，其中底模是与底座连为一起的整体钢制底模。

侧模隔板侧立于底模上，组成成组的空腔，每个模组空腔即为一片墙板。端模堵板安装在成组空腔的两端，被侧模隔板紧固卡在设计位置，保证预制墙体的尺寸符合设计要求。

组装定位后，将连接系统紧固在成组立模周边，使每一片侧模与底模和端模紧密接触。再将钢筋网片或成排的芯管插入模腔中定位（图 4.6-1a），即可浇筑水泥复合墙体材料。

（a）
（b）

图 4.6-1　成组立模墙板生产
（a）墙板成组立模组模；（b）墙板成形后起吊

4.6.2　墙板立式生产工艺

1. 搅拌机搅拌混合料，完成一组成组立模浇筑墙板用料的搅拌。
2. 将成组立模打开，逐个清理模腔内杂物，并涂上隔离剂。
3. 安装钢筋网片并定位后，合上立模，并加固成组立模。
4. 在抽芯机工位，穿入成组芯管，检查芯管位置。
5. 成组立模在布料工位，成组立模在倾模机带动下，转换姿态，进入布料状态。
6. 混凝土输送泵将混合料送到布料机，布料机将混合料均匀注入各个模腔里。
7. 完成浇筑混合料的立模，在初养工位养护，待浇筑的混合料达到一定强度后，进入抽芯工位。抽芯机抽出芯管。
8. 芯管抽出的立模进入正式养护工位。
9. 完成养护的立模进入拆模工位。开模后，取出墙板（图 4.6-1b）。同时，清理模腔、涂上隔离剂，成组立模进入下一次生产循环。
10. 用叉车将墙板运至成品堆场堆放并进行二次养护。

4.7　钢筋半成品加工工艺

以钢筋的工业化生产方式为例，介绍柔性钢筋网片加工、钢筋桁架焊接、自动化钢筋调直切断弯筋的生产过程。常见的简单单机加工工艺不再赘述。

4.7.1　柔性钢筋网片生产线生产加工工艺

柔性钢筋网片生产线按结构部位与功能的不同，全机可分为：电气控制部分、纵筋原料架、纵筋调直机构、纵筋布料机构、纵筋送进机构、焊接机构、横筋调直机构、横筋落料机构、拉网机构、网片输出机构、气路系统和冷却水路系统等部分。

柔性钢筋网片生产加工工艺如下（图 4.7-1）：

图 4.7-1　柔性钢筋网片生产线生产工艺图

1. 原料上料：将线材钢筋原料分别上料到横筋和纵筋盘条放线架。
2. 经过对应的理线框对钢筋进行整理导向。
3. 纵筋直接进入纵筋调直切断机后按网片要求生产网片纵筋。
4. 调直切断机配合横向布料系统，按照网片纵筋间距要求完成纵筋的生产和就位。
5. 成组纵筋端部打齐后，纵向输送系统抓取钢筋并向焊接主机方向输送。
6. 数控喂料系统把成组纵向钢筋按坐标要求喂送至上下电极之间，等待横筋落料。
7. 横向钢筋原料通过圆弧导向改变运动方向，垂直于纵向钢筋前进，进入横筋调直切断机。
8. 横筋调直切断机按照网片要求顺序进行生产，横筋落料系统要满足不同长度钢筋的需要。
9. 横筋落料系统配合网片伺服步进节奏，将横筋准确地布置到焊接主机上下电极之间，与纵筋 90°交叉摆放，完成焊接准备工作。
10. 焊接主机与焊点对应的焊接单元压紧通电焊接，完成单排钢筋的电阻焊。
11. 按照横筋间距要求，网片伺服牵引系统对网片进行定尺步进，在工业控制计算机的程序控制下实现整张网片的焊接成型。

12. 网片成型后通过拉网、接网、叠网及送网机构完成网片收集工作（图4.7-2）。

柔性焊网生产线可以在设计位置完成开门窗孔洞网片的生产过程，也可以生产不含孔洞的标准网片。

图4.7-2　钢筋网片生产线

4.7.2　自动桁架焊接生产线生产加工工艺

自动桁架焊接成型生产设备就是将螺纹钢盘料和圆钢盘料自动加工后焊接成截面为三角形桁架的全自动专用设备。

主要分为六部分：放料架、校直机构、焊接主机、卸料架、液压系统和电气控制柜系统。

自动桁架焊接生产加工工艺如下（图4.7-3）：

图4.7-3　自动桁架焊接生产线生产工艺图

1. 盘条钢筋直接上料到两个下弦筋放线架和一个上弦筋放线架。

2. 由冷加工成型的冷拔丝上料到两个腹筋放线架。

3. 下弦筋在弦筋步进系统的牵引下经过调直喂料到焊接主机。

4. 腹筋在波浪成型系统牵引作业下，经过调直也喂料到焊接主机。

5. 焊接系统通过高电流电阻焊完成腹筋和弦筋的焊接成型（图4.7-4）。

6. PC构件所需的桁架基本是直角桁架，所以一般无需腹筋折脚就进行定尺切断。

7. 通过卸料架完成桁架成品的收集工作。

桁架焊接生产线也可兼顾桁架板筋的生产，在焊接成型后增加折脚工序，然后剪切收集。

（a） （b）

图 4.7-4 钢筋桁架生产线

（a）钢筋桁架电阻焊加工；（b）钢筋桁架成品

4.7.3 自动化弯筋机生产加工工艺

自动化弯筋机是将盘条钢筋加工成箍筋、拉钩等不同形状成型钢筋制品的专用设备。

主要包括放线架、理线框、矫直系统、牵引系统、弯曲系统、切断系统、气动系统和电控系统等部分。

自动化弯筋机生产加工工艺如下（图4.7-5）：

图 4.7-5 自动化弯筋机生产加工工艺图

1. 将盘条钢筋上料到卧式放线架后解捆。

2. 通过理线框整理导向，消除乱线或打结等问题（图 4.7-6）。

3. 穿料到主机的矫直和牵引系统。

4. 通过内外矫直系统消除钢筋的环向应力，保证钢筋直线度要求。

5. 配置编码器的牵引系统送进钢筋时同步计量钢筋长度，为下一步弯曲做好准备。

6. 牵引定尺送进后，弯曲系统根据对应位置的角度和方向要求完成正弯或反弯动作。

7. 当箍筋制品的所有边长和角度加工完成后，在最后一个边长的指定位置剪切完成。

8. 箍筋收集器将单个箍筋收集成组。

9. 成组钢筋码放成垛，完成生产。

当需要加工板筋等长钢筋制品时，一般采用多功能弯箍机，除收集系统不同外，其余工艺相同。

图 4.7-6 自动化弯筋机

4.7.4 自动化钢筋调直切断机生产加工工艺

自动化调直切断机是将盘条钢筋加工成不同长度直条的专用设备。

主要包括放线架、理线框、矫直系统、牵引系统、飞剪切断系统、对齐系统、暂存系统、收集系统、气动系统和电控系统等部分，其中调直系统分平行辊外矫直和高速调直筒矫直两部分。

自动化钢筋调直切断机的加工工艺如下（图 4.7-7）：

1. 将盘条钢筋上料到卧式放线架后解捆。

2. 通过理线框整理导向，消除乱线或打结等问题。

3. 穿料到主机的矫直和牵引系统。

4. 通过内外两套矫直系统，尤其是高速调直筒调直模压紧变形量的调整，消除钢筋的环向应力，保证钢筋直线度要求。

5. 配置四组牵引轮送进钢筋，由减震编码器计量钢筋长度，为下一步飞剪剪切做好准备。

6. 牵引定尺送进到位，程序自动启动飞剪剪切系统，切刀由 0 速迅速加速到钢筋前进速度，完成随动剪切。

7. 高速切断后的钢筋在螺旋对齐系统的作用下成组对齐。

8. 先收集到气动暂存架上，便于收集槽内钢筋的不停机吊运。

9. 最后成组直条钢筋由暂存架落入收集槽，完成直条生产。

图 4.7-7　自动化钢筋调直切断机生产生产工艺图

有些调直切断机仍在采用气动离合器、固定位置液压剪切等传统工艺，切断时钢筋由高速降为 0 速。其除第 6 条剪切动作外，其余工艺基本相同。

5　成品构件标识、存放、运输

5.1　产品标识

5.1.1　标识样式

入库后和出厂前，PC 构件必须进行产品标识，标明产品的各种具体信息。

标识中应包括工程名称（含楼号）、构件编号（包含层号）、构件重量、生产日期、检验人以及楼板安装方向等信息（图 5.1-1）。

工程名称		生产日期	
构件编号		检验日期	
构件重量		检验人	
构件规格			

图 5.1-1　产品标识图

5.1.2　埋设芯片与张贴二维码

为了在预制构件生产、运输存放、装配施工等环节，保证构件信息跨阶段的无损传递，实现精细化管理和产品的可追溯性，就要为每个 PC 构件编制唯一的"身份证"——ID 识别码（二维码或芯片）。并在生产构件时，在同一类构件的同一固定位置，置入射频识别（RFID）电子芯片或粘贴二维码（图 5.1-2）。这也是物联网技术应用的基础。

置入

图 5.1-2　二维码、芯片预埋置入

竖向构件埋设在相对楼层建筑高度 1.5m 处，叠合楼板、梁等水平放置构件统一埋设在构件中央位置。芯片置入深度 3～5cm，且不宜过深。

二维码粘贴简单，相对成本低，但易丢失；芯片成本高，埋设位置安全，不宜丢失。

5.1.3　标识读取

构件芯片（二维码）编码要与构件编号一一对应。

为方便在存储、运输、吊装过程中对构件进行系统管理，有利于安排下一步工序，构件编码信息录入要全面，应包括：原材料检测、模板安装检查、钢筋安装检查、混凝土配合比、混凝土浇筑、混凝土抗压报告、入库存放等信息。

获取产品信息，可用微信扫描读取二维码，用 RFID 扫描枪扫描 RFID 电子芯片等方式，即可查询到产品数据。

5.2　构件存放

5.2.1　车间内临时存放

1. 在车间构件内设置专门的构件存放区

存放区内主要存放出窑后需要检查、修复和临时存放的构件。特别是蒸养构件出窑后，应静止一段时间后，方可转移到室外堆放。

车间内存放区内根据立式、平式存放构件，划分出不同的存放区域。存放区内设置构件存放专用支架、专用托架。

车间内构件临时存放区与生产区之间要画出并标明明显的分隔界限。

同一跨车间内主要使用门吊进行短距离的构件输送。跨车间或长距离运送时，采用构件运输车运输（图 5.2-1）、叉车端送等方式。

图 5.2-1　构件运输车

2. 不同预制构件存放方式有所不同

构件在车间内选择不同的堆放的姿态时，首先保证构件的结构安全，其次考虑运输的方便和构件存放、吊装时的便捷。

在车间堆放同类型构件时，应按照不同工程项目、楼号、楼层进行分类存放。构件底部应放置两根通长方木，以防止构件与硬化地面接触造成构件缺棱掉角。同时两个相邻构件之间也应设置木方，防止构件起吊时对相邻构件造成损坏。

（1）叠合板堆放严格按照标准图集要求，叠合板下部放置通长 10cm×10cm 方木，垫木放置在桁架两侧（图 5.2-2）。每根方木与构件端部的距离、堆放的层数不得超过有关规范要求。不同板号要分类堆放。

叠合板构件较薄，必须放置在转运架上后才可用叉车叉运。防止在运输过程中，叠合板发生断裂现象。同时也方便快捷运输。

图 5.2-2　车间内叠合板堆放

（2）民建墙板在临时存放区设专用竖向墙体存放支架内立式存放（图 5.2-3），而工建的外挂墙板，受生产车间门高度的限制，需要侧立存放。

图 5.2-3　车间内墙板堆放

（3）楼梯采用平向存放，楼梯底部与地面以及楼梯与楼梯之间支垫方木（图5.2-4）。

图 5.2-4 车间内楼梯堆放

（4）预制柱和预制梁均采用平式存放，底部与地面以及层与层之间支垫方木（图5.2-5、图5.2-6）。

图 5.2-5 车间内预制柱堆放

图 5.2-6 车间内预制梁堆放

5.2.2 车间外（堆场）存放

1. 预制构件在发货前一般堆放在露天堆场内。

在车间内检查合格，并静止一段时间后，用专用构件转运车和随车起重运输车、改装的平板车运至室外堆场分类进行存放。

2. 在堆场内的每条存放单元内划分成不同的存放区，用于存放不同的预制构件。

根据堆场每跨宽度，在堆场内呈线型设置墙板存放钢结构架，每跨可设 2～3 排存放架，存放架距离龙门吊轨道 4～5m。在钢结构存放架上，每隔 40cm 设置一个可穿过钢管的孔道，上下两排，错开布置。根据墙板厚度选择上下临近孔道，插入无缝钢管，卡住墙板（图 5.2-7）。

因立放墙板的重心高，故存放时必须考虑紧固措施（一般楔形木加固），防止在存放过程中因外力（风或震动）造成墙板倾倒而使预制构件破坏。

叠合板采用叠放存储，每层间加放垫木（图 5.2-8）。

图 5.2-7　堆场墙板堆放

图 5.2-8　堆场叠合板堆放

5.3　构件运输

5.3.1　踏勘和规划运输线路

先在百度、高德等地图上进行运输线路的模拟规划，再派车辆沿规划路线，逐条进行实地勘察验证。对每条运输路线所经过的桥梁、涵洞、隧道等结构物的限高、限宽等要求，进行详细调查记录，要确保构件运输车辆无障碍通过。

最后合理选择 2～3 条线路，构件运输车选择其中的一条作为常用的运输路线，其余的 1～2 条，可作为备用方案。

运输构件的车辆经过城区道路时，应遵守国家和地方的《道路交通管理规定》。要在与地方交通、交警协商确认的通过时间内通过，不扰民，不影响沿线居民的休息。

5.3.2　车辆组织

大量的 PC 构件可借用社会物流运输力量，以招标的形式，确定构件运输车队。少量的构件，可自行组织车辆运输。

发货前，应对承运单位的技术力量和车辆、机具进行审验，并报请交通主管部门批准，必要时要组织模拟运输。

在运输过程中要对预制构件进行规范的保护，最大限度地消除和避免构件在运输过程中的污染和损坏。做好构件成品的防碰撞措施，采用木方支垫、包装板围裹进行保护。

5.3.3　运输方式

预制构件主要采用公路汽车运输的方式。

叠合板采用随车起重运输车（随车吊）运输，墙板和楼梯等构件采用专用构件专用运输车（图 5.3-1a）和改装后的平板车进行运输。对常规运输货车进行改装时，要在车厢内设置构件专用固定支架，并固定牢靠后方可投入使用。

预制叠合板、阳台、楼梯、梁、柱等 PC 构件宜采用平放运输，预制墙板宜在专用支架框内竖向靠放的方式运输（图 5.3-1b），或采用"A"形专用支架斜向靠放运输，即在运输架上对称放置两块预制墙板（图 5.3-1c）。

(a)

(b)

(c)

图 5.3-1　堆场构件运输

(a) 构件专用运输车；(b) 平板改装车；(c) 平板改装车

5.3.4　构件运输应急预案

应针对构件运输时可能出现突发事件，制定构件运输应急预案。

1. 应急预案制定原则

坚持科学规划、全面防范、快速反应、统一指挥的原则。

应急预案制定应贯彻"安全第一、预防为主、综合治理"的工作方针，妥善处理道路运输安全生产环节中的事故及险情，做好道路运输安全生产工作。

建立健全重大道路运输事故应急处置机制，一旦发生重大道路运输事故，要快速反应，全力抢救，妥善处理，最大程度地减少人员伤亡和财产损失。

2. 使用范围及工作目标

本预案适用于重大道路运输事故、突发道路运输事故、雨雪冰冻灾害以及汛期暴雨天气。

1) 以人为本，减少损失。在处置道路运输事故时，坚持以人为本，把保护人民群众生命、财产安全放在首位，把事故损失降到最低限度。

2) 预防为主，常备不懈。坚持事故处置与预防工作相结合，落实预防道路运输事故的各项措施，坚持科学规划、全面防范。

3）快速反应，处置得当。建立应对道路运输事故的快速反应机制，快速得当处置。

3. 应急预案领导小组

1）领导小组。

成立构件运输应急救援领导小组，具体负责组织实施应急救援工作。按照"统一指挥、分级负责"的原则，明确职责与任务。设 1 名组长，2 名副组长，组员若干名。

2）工作职责。

统一领导构件运输中的道路运输事故应急救援处置工作。负责制定道路运输事故应急救援预案，负责参加道路运输事故抢救和调查，负责评估应急救援行动及应急预案的有效性。负责落实及贯彻上级及交通主管部门的应急救援事项。

3）预防为主，常备不懈。

坚持事故处置与预防工作相结合，落实预防道路运输事故的各项措施，坚持科学规划、全面防范。快速反应，处置得当。建立应对突发道路运输事故的快速反应机制，快速反应，快速得当处置。

6 构件运输具体案例

通过一个具体构件运输案例，说明构件运输的具体过程及注意事项。

××项目××号楼××PC构件运输方案（简述）。

6.1 编制依据

1. ××项目××号楼××PC构件采购招标文件、投标文件、采购合同书及补充协议等。
2. ××项目××号楼××施工进度计划。
3. ××PC构件厂××项目××号楼××PC构件预制生产计划。
4. ××项目××号楼××PC构件预制与运输实施性施工组织设计。
5. 与××市××区交警大队、城管大队、路政部门签订的协议书或备忘录。

6.2 编制目的

1. 保证PC构件顺利安全到达施工场地，按期完成××项目××号楼、××号楼××的构件运输安装任务。
2. 确保PC构件运输与现场安装的协调进行，保证现场构件安装有序、连续施工，减少场地内构件的二次转运，同时做到现场构件存量略有富余。
3. 做好在运输过程中PC构件的成品保护工作，保证构件无结构性的损坏。

6.3 工程概况

本项目为××市××区××新城项目，该住宅小区共××栋住宅楼（××号、××号等），为装配整体式剪力墙结构高层住宅，总建筑面积约为××m²。其中××号楼每层预制墙板××块、预制梁××架、空调板××个、叠合板××块，共计××××××层；××号楼每层预制墙板××块、预制梁××架、空调板××个、叠合板××块，共计×××××层……该项目共需预制墙板××块、预制梁××架、空调板××个、叠合板××块，共计PC构件××块。

6.4 运输方案

1. ××号楼最大的板形尺寸为××m×××m，最小的板形尺寸为××m×××m，墙板宽度在××m左右，构件最重××t。××号楼最大板形尺寸为××m×××m，最小的板形尺寸××m×××m，构件最重××t。

根据构件尺寸型号、重量，选择装卸构件的起重机械和运输车辆。

2. 构件来源：××PC构件厂。

3. 运输车辆：采用××PC构件厂自有随车吊××台、专用构件运输车××台；××物流公司改装货车××台。

4. 叠合板、空调板、叠合梁等构件采用平式运输，墙板采用立式运输。叠合板采用随车吊运输；墙板、楼板、预制梁、空调板、女儿墙等构件采用专用构件运输车运输；当车辆不足，不能满足现场构件需求时，采用改装货车增加运能。

5. 辅助工器具、物料：根据构件的重量和外形尺寸，设计并制作各种类型构件的运输支架，并准备各种工器具：××个接驳器、××根扁担梁、××根钢丝绳、××米紧固绳、××个构件支架、××根方木、××个护角。

6. 人员组织：司机××车××人、送货（押货）××人、调度员（后方联系人）××人、吊车司机、转运工、修补工人等。

7. 构件运输时间：××年×月×日至×月×日投入×辆车，×月×日至×月×日投入×辆车，×月×日至×月×日投入两辆车。

6.5 准备工作

6.5.1 选择察看运输路线

运构件输前，派专人去勘察多条路线，路线须满足以下要求：路程短，路况好，道路转弯曲线、桥梁允许荷载、桥涵净空高度（限高）和宽度（限宽）满足运输车辆的通行需要。

6.5.2 确定构件运输路线

第一路线：××厂→××路→××路→××路（××国道）→××路→××路→下穿××高速（限高5m）→××路→××路→××项目工地。总里程××km，行程××min，运输车速控制在××km/h（图6.5-1）。

图 6.5-1 构件运输路线图

第二路线：××厂→××路→××路→××路（××省道）→××收费站→××路→下穿××铁路桥梁（限高 4.5m）→××路→下穿××高速（限高 5m）→××路→××路→××项目工地。总里程××km，行程××min，运输车速递控制在××km/h（图6.5-2）。

图 6.5-2 构件运输路线图

6.5.3 验算构件强度

根据所确定运输方案和构件装货方式、堆放层数，验算 PC 构件在最不利受力状态下的截面抗裂度，避免构件在运输中出现裂缝。

6.5.4 清查构件

清查需要运输构件的型号、质量和数量。

根据楼层构件布置图，核对将要装运构件的数量及编号是否正确，资料是否齐全，有无合格标志和出厂合格证书等。

6.6 构件运输基本要求和注意事项

1. 准备工器具和物料

检查各种工具、吊具、接驳器、钢丝绳、吊装带是否完好、齐全。

运输叠合板时，叠合板与车厢底盘间需要用长 10cm×10cm 方木支垫；叠合板与叠合板之间采用 8cm×8cm，长 10cm 小木方垫实；运送楼梯需要 100cm 长，20cm×20cm 大方木进行支垫间隔。

2. 叠合板运输

叠合板装车时将长的叠合板（长度大于 3.7m）顺车方向装在车辆最前端，其他叠合板横向依次装在车厢后端。

叠合板叠放层数 6～8 层，不同宽度叠合板不能相互叠放。第一块叠合板下须垫两根通长方木，方木与叠合板长度方向相同。叠合板与叠合板间用小木方进行垫实。

运输叠合板等平放构件时，所有构件支承点的位置在同一竖直线上。木方的厚度要一样，要保证构件的平稳，避免构件在运输中摇晃。

3. 墙板运输

装车后挂车司机用钢丝绳把墙板和车体连接牢固。钢丝绳与墙板接触面应垫上护角（如胶皮等），避免损坏墙板角。运输竖向靠放等易倾覆的墙板构件时，两侧必须用斜撑支撑牢固或用木方塞紧加固。

4. 楼梯运输

为方便现场安装，采用水平叠放的方式运输楼梯。装车时楼梯与拖车板以及楼梯与楼梯之间均采用 20cm×20cm 的方木支垫。楼梯叠放层数 4 层为宜，不能超过 6 层。层与层间方木须在上下同一位置。

5. 运输时构件的混凝土强度，不应低于设计强度等级的 85%，薄壁构件强度应达到 100%。

6. 根据施工现场吊装顺序，先运输先装配的构件，后运输后装配的构件。

7. 墙板吊起时检查墙板套筒内、楼梯预留孔、各预埋件内是否有混凝土残留物。如有，要清理干净后再装车运输。

8. 装车前对构件型号进行查看，是否有型号错喷漏喷现象（包括标志、生产日期、墙板型号、墙板楼号、板重等）。在装车过程中如有磕碰现象，需修补后方可发货。

9. 发货过程中，转运人员应积极配合调度，确保高质、高效地完成运输工作。

10. 装车时应两面对称装车，保证挂车的平衡性，确保车辆运输安全。

无论装车或卸车，均应在设计吊点进行起吊。叠放在车上或堆放在现场上的构件，构件之间的垫木要在同一条垂直线上，且二侧垫木的厚度要相等。

构件在运输前要固定牢靠，防止在运输时倾倒。对于重心高、底部支承面窄的构件，要用支架辅助固定。

为防止运输过程中，车辆颠簸对构件造成损伤，支架上应捆裹橡胶垫等柔性材料，并用钢丝绳把构件和车体连接牢固。设紧线器，防止构件移动和倾倒。

紧固构件时，在绳索与构件接触处安装弧形高强塑胶垫块，防止构件与绳索间摩擦造成构件掉角或绳索破损。

构件长距离运输途中应注意检查紧线器的牢固状况，发现松动必须停车紧固，确认牢固后方可继续运行。

11. 出运 PC 构件需开具出库交接单、合格证，并按工厂要求认真填写，不错填、漏填。

调度把出库交接单、合格证发放给货车司机，并调派吊车工、转运工进行装车。

12. 根据路面情况掌握行车速度，车辆行驶速度以 15km/h 为宜，在转弯路口须减慢行驶速度，按道路交通要求限速行驶通过。

构件运输所经道路要平整坚实，路面宽度和转弯半径能满足运输车辆的性能及通过要求。运输构件时的车辆装载高度不应超过 5m。

13. 对又重又长的构件，应根据其安装方向确定装车方位，以利于车辆就位卸货。进场应按构件吊装平面布置图所示位置堆放，以免二次倒运。

14. 在车辆运构件至工地时，在工地内合适的位置设置会车点。拖车的转弯半径不小于 15m。

15. 发现运输构件型号有错误时要及时更换，发现构件有外观质量问题的（如有磕碰现象）及时通知修补工进行修补。

下篇　生产管理（质量验收、安全、信息化管理）

7 质量检查与验收

7.1 过程检查与验收

7.1.1 模板检查与验收

1. 模具组装前的检查

根据生产计划合理加工和选取模具，所有模具必须清理干净，不得存有铁锈、油污及混凝土残渣。对于模具变形量超过规定要求的模具一律不得使用，使用中的模板应当定期检查，并做好检查记录。

模具允许偏差及检验方法见表 7.1-1。

预制构件模具尺寸的允许偏差和检验方法　　　　　　　表 7.1-1

项次	项　目		允许偏差（mm）	检验方法
1	长度		0，−4	激光测距仪或钢尺，测量平行构件高度方向，取最大值
2	宽度		0，−4	激光测距仪或钢尺，测量平行构件宽度方向，取最大值
3	厚度		0，−2	钢尺测量两端或中部，取最大值
4	构件对角线		<5	激光测距仪或钢尺量纵横两个方向对角线
5	侧向弯曲		$L/1500$，且$\leqslant 3$	拉尼龙线，钢角尺测量弯曲最大处
6	端向弯曲		$L/1500$	拉尼龙线，钢角尺测量弯曲最大处
7	底模板表面平整度		2	2m 铝合金靠尺和金属塞尺测量
8	拼装缝隙		1	金属塞片或塞尺量
9	预埋件、插筋、安装孔、预留孔中心线位移		3	钢尺测量中心坐标
10	端模与侧模高低差		1	钢角尺量测
11	窗框口	厚度	0，−2	钢尺测量两端或中部，取最大值
		长度、宽度	0，−4	激光测距仪或钢尺，测量平行构件长度、宽度方向，取最大值
		中心线位置	3	用尺量纵横两中心位置
		垂直度	3	用直角尺和基尺测量
		对角线差	3	用尺量两个对角线

2. 刷隔离剂

隔离剂使用前确保隔离剂在有效使用期内，隔离剂必须涂刷均匀。

3. 模具组装、检查

组装模具前，应在模具拼接处，粘贴双面胶，或者在组装后打密封胶，防止在混凝土浇筑振捣过程中漏浆。侧模与底模、顶模与侧模组装后必须在同一平面内，不得出现错台。

组装后校对模具内的几何尺寸，并拉对角校核，然后使用磁力盒或螺丝进行紧固。使用磁力盒固定模具时，一定要将磁力盒底部杂物清除干净，且必须将螺丝有效地压到模具上。

模具组装允许误差及检验方法见表 7.1-2、图 7.1-1。

模具组装尺寸允许偏差及检验方法　表 7.1-2

测定部位	允许偏差（mm）		检验方法
边长	±2		钢尺四边测量
对角线误差	3		细线测量两根对角线尺寸，取差值
底模平整度	2		对角用细线固定，钢尺测量细线到底模各点距离的差值，取最大值
侧模高差	2		钢尺两边测量取平均值
表面凹凸	2		靠尺和塞尺检查
扭曲	2		对角线用细线固定，钢尺测量中心点高度差值
翘曲	2		四角固定细线，钢尺测量细线到钢模板边距离，取最大值
弯曲	2		四角固定细线，钢尺测量细线到钢模顶距离，取最大值
侧向扭曲	$H \leqslant 300$	1.0	侧模两对角用细线固定，钢尺测量中心点高度
	$H > 300$	2.0	侧模两对角用细线固定，钢尺测量中心点高度

（a）　　　　　　　　　　　　　（b）

图 7.1-1　模板检查

（a）叠合板模板长度检查；（b）叠合板钢筋出筋长度检查

7.1.2 钢筋及钢筋接头检查与验收

1. 钢筋加工前应检查

1）钢筋应无有害的表面缺陷，按盘卷交货的钢筋应将头尾有缺陷部分切除。

2）直条钢筋的弯曲度不得影响正常使用，每米弯曲度不应大于4mm，总弯曲度不大于钢筋总长度的0.4％。钢筋的端部应平齐，不影响连接器的通过。

3）钢筋表面应无横向裂纹、结疤和折痕，允许有不影响钢筋力学性能的其他缺陷。

4）弯心直径弯曲180°后，钢筋受弯曲部位表面不得产生裂纹。

5）钢筋原材质量具体要求见本书第3.2.2章节中的内容。

2. 钢筋加工成型后检查

1）钢筋下料必须严格按照设计及下料单要求制作，制作过程中应当定期、定量检查。对于不符合设计要求及超过允许偏差的一律不得绑扎，按废料处理。

钢筋加工允许偏差见表7.1-3。

钢筋加工的允许偏差   表7.1-3

项　目	允许偏差（mm）
受力钢筋顺长度方向全长的净尺寸	±10
弯起钢筋的弯折位置	±20
箍筋内径净尺寸	±5

2）纵向钢筋（带灌浆套筒）及需要套丝的钢筋，不得使用切断机下料，必须保证钢筋两端平整，套丝长度、丝距及角度必须严格满足设计图纸要求，纵向钢筋及梁底部纵筋（直螺纹套筒连接）套丝应符合规范要求。

套丝机应当指定专人且有经验的工人操作，质检人员不定期进行抽检。

3. 钢筋丝头加工质量检查

钢筋丝头加工质量检查的内容包括：

1）钢筋端平头：平头的目的是让钢筋端面与母材轴线方向垂直，采用砂轮切割机或其他专用切断设备，严禁气焊切割。

2）钢筋螺纹加工：使用钢筋滚压直螺纹机将待连接钢筋的端头加工成螺纹。

加工丝头时，应采用水溶性切削液，当气温低于0℃时，应掺入15％～20％亚硝酸钠。严禁用机油作切削液或不加切削液加工丝头。

3）丝头加工长度为标准型套筒长度的1/2，其公差为+2P（P为螺距）。

4）丝头质量检验：操作工人应按要求检查丝头的加工质量，每加工10个丝头用通环规、止环规检查一次。

5）经自检合格的丝头，应通知质检员随机抽样进行检验，以一个工作班内生产的丝头为一个验收批，随机抽检10％，且不得少于10个，并填写钢筋丝头检验记录表。

当合格率小于95％时，应加倍抽检，复检总合格率仍小于95％时，应对全部钢筋丝头逐个进行检验，切去不合格丝头，查明原因并解决后重新加工螺纹。

4. 钢筋绑扎质量检查

1）尺寸、弯折角度不符合设计要求的钢筋不得绑扎。

2）钢筋安装绑扎的允许偏差及检验方法见表 7.1-4。

钢筋安装位置的允许偏差及检验方法　　　　　　　表 7.1-4

项　目			允许偏差（mm）	检验方法
绑扎钢筋网	长、宽		±10	钢尺检查
	网眼尺寸		±20	钢尺量连续三档，取最大值
绑扎钢筋骨架	长		±10	钢尺检查
	宽、高		±5	钢尺检查
受力钢筋	间距		±10	钢尺量两端、中间各一点，取最大值
	排距		±5	
	保护层厚度（含箍筋）	基础	±10	钢尺检查
		柱、梁	±5	钢尺检查
		板、墙、壳	±3	钢尺检查
绑扎箍筋、横向钢筋间距			±20	钢尺连续量三档，取最大值
钢筋弯起点位置			±20	钢尺检查
预埋件	中心线位置		±5	钢尺检查
	水平高差		+3，0	钢尺和塞尺检查
纵向受力钢筋	锚固长度		−20	钢尺检查

注：1. 检查预埋件中心线位置时，应沿纵、横两个方向进行量测，并取其中的最大值。

　　2. 表中梁类、板类构件上部纵向受力钢筋保护层厚度的合格点率应达到 90% 及以上，且不得有超过表中数值 1.5 倍的尺寸偏差。

5. 焊接接头机械性能试验取样

1）取样相关规定

（1）试件的截取方位应符合相关规范或标准的规定。

（2）试件材料、焊接材料、焊接条件以及焊前预热和焊后热处理规范，均应与相关标准规范相符，或者符合有关试验条件的规定。

（3）试件尺寸应根据样坯尺寸、数量、切口宽度、加工余量以及不能利用的区段（如电弧焊的引弧和收弧）予以综合考虑。不能利用区段的长度与试件的厚度和焊接工艺有关，但不得小于 25mm（如用引弧板、收弧板及管件焊接例外）。

（4）从试件上截取样坯时，如相关标准或产品制造规范无另外注明时，允许矫直样坯。

（5）试件的角度偏差或错边，应符合相关标准或规范要求。

（6）试件标记，必须清晰，其标记部位应在受试部分之外。

2）钢筋焊接接头的力学性能试验的取样

钢筋焊接接头骨架和焊接网力学性能检验，按下列规定抽取试件：

（1）凡钢筋牌号、直径及尺寸相同的焊接骨架和焊接网，应视为同一类型制品且每

300 件作为一批，一周内不足 300 件的亦应按一批计算。

（2）力学性能检验的试件，应从每批成品中切取。切取过试件的制品，应补焊同牌号、同直径的钢筋，其每边搭接长度不应小于 2 个孔格的长度。

当焊接骨架所切取试件的尺寸小于规定的试件尺寸，或受力钢筋直径大于 8mm 时，可在生产过程中制作模拟焊接试验网片（图 7.1-2），从中切取试件。

（3）由几种直径钢筋组合的焊接骨架或焊接网，应对每种组合的焊点做力学性能检验。

（4）热轧钢筋的焊点应做剪切试验，试件应为 3 件。冷轧带肋钢筋焊点除做剪切试验外，尚应对纵向和横向冷轧带肋钢筋做拉伸试验，试件应各为 1 件。剪切试件纵筋长度应大于或等于 290mm，横筋长度应大于或等于 50mm（图 7.1-2）；拉伸试件纵筋长度应大于或等于 300mm（图 7.1-2）。

（5）焊接网剪切试件应沿同一横向钢筋随机切取。

（6）切取剪切试件时，应使制品中的纵向钢筋成为试件的受拉钢筋。

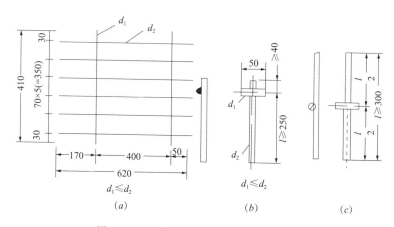

图 7.1-2　钢筋模拟焊接试验网片与试件

（a）模拟焊接试验网片简图；（b）钢筋焊点剪切试件；（c）钢筋焊点拉伸试件

3）钢筋闪光对焊接头

闪光对焊接头的力学性能检验，按下列规定作为一个检验批：

（1）在同一台班内，由同一焊工完成的 300 个同牌号、同直径钢筋焊接接头应作为一批。当同一台班内焊接的接头数量较少，可在一周之内累计计算。累计仍不足 300 个接头时，应按一批计算。

（2）力学性能检验时，应从每批接头中随机切取 6 个接头，其中 3 个做拉伸试验，3 个做弯曲试验。

（3）焊接等长的预应力钢筋（含螺丝端杆与钢筋）时，可按生产时同等条件制作模拟试件。

（4）螺丝端杆接头可只做拉伸试验。

（5）封闭环式箍筋闪光对焊接头，以 600 个同牌号、同规格的接头为一批，只做拉伸试验。

（6）当模拟试件试验结果不符合要求时，应进行复验。复验应从现场焊接接头中切取，其数量和要求与初始试验相同。

4）钢筋电弧焊接头

电弧焊接头力学性能检验，按下列规定作为一个检验批：

（1）在现浇混凝土结构中，应以 300 个同牌号钢筋、同型式接头作为一批。在不超过 300 个同牌号钢筋、同型式接头作为一批。每批随机切取 3 个接头，做拉伸试验。

（2）在装配式结构中，可按生产条件制作模拟试件，每批 3 个，做拉伸试验。

（3）钢筋与钢板电弧搭接焊接头只可进行外观检查。

在同一批中若有几种不同直径的钢筋焊接接头，应在最大直径钢筋接头中切取 3 个试件。以下电渣压力焊接头、气压焊接头取样均可。

当模拟试件试验结果不符合要求时，应进行复验。复验应从现场焊接接头中切取，其数量和要求与初始试验时相同。

5）钢筋电渣压力焊接头

电渣压力焊接头的力学性能检验，应按下列规定作为一个检验批：

在现浇钢筋混凝土结构中，应以 300 个同牌号钢筋接头作为一批。在不超过二楼层中 300 个同牌号钢筋接头作为一批。当不足 300 个接头时，仍应作为一批。每批随机切取 3 个接头做拉伸试验。

7.1.3 混凝土制备检测

1. 混凝土应符合下列要求

1）混凝土配合比设计应符合现行国家标准《普通混凝土配合比设计规程》JGJ 55—2011 的相关规定和要求。混凝土配合比宜有必要的技术说明，包括生产时的调整要求。

2）混凝土中氯化物和碱总含量应符合现行国家标准《混凝土结构设计规范》（2015 年版）GB 50010—2010 的相关规定和设计要求。

3）混凝土中不得掺加对钢材有锈蚀作用的外加剂。

4）预制构件混凝土强度等级不宜低于 C30，预应力混凝土构件的混凝土强度等级不宜低于 C40，且不应低于 C30。

2. 混凝土坍落度检测

坍落度的测试方法：用一个上口 100mm、下口 200mm、高 300mm 喇叭状的坍落度桶，使用前用水湿润，分两次灌入混凝土后捣实，然后垂直拔起桶，混凝土因自重产生坍落现象，用桶高（300mm）减去坍落后混凝土最高点的高度，称为坍落度。如图 7.1-3 所示。

混凝土的坍落度，应根据预制构件的结构断面、钢筋含量、运输距离、浇筑方法、运输方式、振捣能力和气候等条件决定。

在选定配合比时应综合考虑，并宜采用较小的坍落度为宜。

3. 混凝土强度检验时，每 100 盘，但不超过 100m³ 的同配比混凝土，取样不少于一次，不足 100 盘和 100m³ 的混凝土取样不少于一次。当同配比的混凝土超过 1000m³ 时，每 200m³ 取样不少于一次。每次取样应至少留置一组标准养护试件，同条件养护试件的留置组数应根据实际需要确定。

(a) (b)

图 7.1-3 混凝土坍落度测试

(a) 坍落度值测量示意图；(b) 坍落度现场测量实景图

7.1.4 预埋件与预留洞口检查与验收

1. 预埋件加工与制作

预埋件的材料、品种应符合构件制作图中的要求。

各种预埋件进场前要求供应商出具合格证和质保单，并对产品外观、尺寸、强度、防火性能、耐高温性能等指标进行检验。预埋件加工允许偏差见表 7.1-5。

预埋件加工允许偏差   表 7.1-5

项　次	检验项目及内容		允许偏差（mm）	检验方法
1	预埋钢板的边长		0，−5	用钢尺量
2	预埋钢板的平整度		1	用直尺和塞尺量
3	锚筋	长度	10，−5	用钢尺量
		间距偏差	±10	用钢尺量

2. 模具预留孔洞中心位置

模具预留孔洞中心位置的允许偏差见表 7.1-6。

模具预留孔洞中心位置的允许偏差   表 7.1-6

项　次	检验项目及内容	允许偏差（mm）	检验方法
1	预埋件、插筋、吊环、预留孔洞中心线位置	3	用钢尺量
2	预埋螺栓、螺母中心线位置	2	用钢尺量
3	灌浆套筒中心线位置	3	用钢尺量

注：检查中心线位置时，应沿纵、横两个方向测量，并取其中的较大值。

3. 连接套筒、连接件、预埋件、预留孔洞的安装检验

连接套筒等所有预埋件准确定位并固定后，需对其安装位置进行检查和验收。

预埋件和预留孔洞的允许偏差见表7.1-7。

连接套筒、预埋件、连接件、预留孔洞安装允许偏差 表 7.1-7

项 目		允许偏差（mm）	检验方法
钢筋连接套筒	中心线位置	±3	钢尺检查
	安装垂直度	1/40	拉水平线、竖直线测量两端差值且满足连接套筒施工误差要求
	套筒内部、注入、排出口的堵塞		目视
预埋件（插筋、螺栓、吊具等）	中心线位置	±5	钢尺检查
	外露长度	+5～0	钢尺检查且满足连接套管施工误差要求
	安装垂直度	1/40	拉水平线、竖直线测量两端差值且满足施工误差要求
连接件	中心线位置	±3	钢尺检查
	安装垂直度	1/40	拉水平线、竖直线测量两端差值且满足连接套管施工误差要求
预留孔洞	中心线位置	±5	钢尺检查
	尺寸	+8，0	钢尺检查
其他需要先安装的部件	安装状况：种类、数量、位置、固定状况		与构件制作图对照及目视

7.1.5 装饰装修材料检查与验收

墙板外装饰面砖检查，构件外装饰允许偏差见表7.1-8。

构件外装饰允许偏差 表 7.1-8

外装饰种类	项目	允许偏差（mm）	检验方法
通用	表面平整度	2	2m靠尺或塞尺检查
石材和面砖	阳角方正	2	用托线板检查
	上口平直	2	拉通线用钢尺检查
	接缝平直	3	用钢尺或塞尺检查
	接缝深度	±5	
	接缝宽度	±2	用钢尺检查

注：当采用计数检验时，除有专门要求外，合格点率应达到80%及以上，且不得有严重缺陷，可以评定为合格。

7.2 构件成品检查验收与修补

PC构件生产完成后进行成品检查验收，对不能满足观感要求的部位可进行适当修补。

7.2.1 构件成品检查验收

PC构件拆模完成后，应及时对预制构件的外观质量、外观尺寸、预留钢筋、连接套筒、预埋件和预留孔洞的位置，进行检查验收（表7.2-1、表7.2-2）。

构件外观质量   表7.2-1

名　　称	现　　象	严重缺陷	一般缺陷
露筋	构件内钢筋未被混凝土包裹而外露	纵向受力钢筋有露筋	其他钢筋有少量露筋
蜂窝	混凝土表面缺少水泥砂浆而形成石子外露	构件主要受力部位有蜂窝	其他部位有少量蜂窝
孔洞	混凝土中孔穴深度和长度均超过保护层厚度	构件主要受力部位有孔洞	其他部位有少量孔洞
夹渣	混凝土中夹有杂物且深度超过保护层厚度	构件主要受力部位有夹渣	其他部位有少量夹渣
疏松	混凝土中局部不密实	构件主要受力部位有疏松	其他部位有少量疏松
裂缝	缝隙从混凝土表面延伸至混凝土内部	构件主要受力部位有影响结构性能或使用功能的裂缝	其他部位有少量不影响结构性能或使用功能的裂缝
连接部位缺陷	构件连接处混凝土有缺陷及连接钢筋、连接件松动	连接部位有影响结构传力性能的缺陷	连接部位有基本不影响结构传力性能
外形缺陷	缺棱掉角、棱角不直、翘曲不平、飞边凸肋等	清水混凝土构件有影响使用功能或装饰效果的外形缺陷	其他混凝土构件有不影响使用功能的外形缺陷
外表缺陷	构件表面麻面、掉皮、起砂、沾污等	具有重要装饰效果的清水混凝土构件有外表缺陷	其他混凝土构件有不影响使用功能的外表缺陷

预制混凝土构件外形尺寸允许偏差

表 7.2-2

项　目		允许偏差（mm）	检验方法
长度	板、梁、柱、桁架 ＜12m	±5	尺量检查
	≥12m 且＜18m	±10	
	≥18m	±20	
	墙板	±4	
宽度、高（厚）度	板、梁、柱、桁架截面尺寸	±5	钢尺量一端及中部，取其中偏差绝对值较大处
	墙板的高度、厚度	±4	
表面平整度	板、梁、柱、墙板内表面	5	2m 靠尺和塞尺检查
	墙板外表面	3	
侧向弯曲	板、梁、柱	$L/750$ 且≤20	拉线、钢尺量最大侧向弯曲处
	墙板、桁架	$L/1000$ 且≤20	
翘曲	板	$L/750$	调平尺在两端量测
	墙板	$L/1000$	
对角线差	板	10	钢尺量两个对角线
	墙板、门窗口	5	
预留孔	中心线位置	5	尺量检查
	孔尺寸	±5	
预留洞	中心线位置	10	尺量检查
	洞口尺寸、深度	±10	
门窗口	中心线位置	5	尺量检查
	宽度、高度	±3	
预埋件	预埋件中心线位置	5	尺量检查
	预埋件与混凝土面平面高差	0，−5	
	预埋螺栓中心线位置	2	
	预埋螺栓外露长度	+10，−5	
	预埋套筒、螺母中心线位置	2	
	预埋套筒、螺母与混凝土面平面高差	±5	
	线管、电盒、木砖、吊环在构件平面的中心线位置偏差	20	
	线管、电盒、木砖、吊环与构件表面混凝土高差	0，−10	

项　　目		允许偏差（mm）	检验方法
预留插筋	中心线位置	5	尺量检查
	外露长度	+10，-5	
键槽	中心线位置	5	尺量检查
	长度、宽度、深度	±5	

注：1. L 为构件长度（mm）。

2. 检查中心线、螺栓和孔道位置偏差时，应沿纵、横两个方向量测，并取其中偏差较大值。

7.2.2　构件成品缺陷修补

1. 当检查构件，发现构件表面有破损、气泡和裂缝，但并不影响构件的结构性能和使用时，要及时进行修复并做好记录。

根据构件缺陷程度的不同，分别采用不低于混凝土设计强度的专用浆料、环氧树脂、专用防水浆料等进行修补。构件成品缺陷修补方案及检测方法见表 7.2-3。

成品缺陷修补表　　　　　　　　　　　　表 7.2-3

项　　目	缺陷描述	处理方案	检验方法
破损	1. 影响结构性能且不能恢复的破损	废弃	目测
	2. 影响钢筋、连接件、预埋件锚固的破损	废弃	目测
	3. 上述1、2以外的，破损长度超过20mm	修补	目测、卡尺测量
	4. 上述1、2以外，破损长度超过20mm以下	现场修补	—
裂缝	1. 影响结构性能且不可恢复的裂缝	废弃	目测
	2. 影响钢筋、连接件、预埋件锚固的裂缝	废弃	目测
	3. 裂缝宽度大于0.3mm且裂缝长度超过300mm	废弃	目测、卡尺测量
	4. 上述1、2、3以外的，裂缝宽度超过0.2mm	修补	目测、卡尺测量

2. 构件缺陷修补注意事项

1）构件修补材料应和基材相匹配，主要考虑颜色、强度、粘结力等因素。

2）修补的表观效果应和基材不要有大的差异，可进行适当的打磨。

3）修补应在构件脱模检查，确定修复方案后立即进行，周围环境温度不要过高，最好在 30℃ 以下时进行。

8 安全生产与管理

8.1 安全生产组织架构

PC工厂管理层设立安全生产委员会（简称安委会），由工厂第一负责人担任安委会主任，其成员由企业管理人员及有关职能部门组成，安委会全面负责工厂的安全管理工作。车间设立安全生产领导小组，车间主任担任安全生产领导小组组长。具体组织架构如图8.1-1所示。

图 8.1-1　PC工厂安全生产组织架构

PC工厂的安全管理人员的配备数量应符合《建筑施工企业安全生产管理机构设置及专职安全生产管理人员配备办法》（建质〔2008〕91号）以及各地方主管部门相关要求。

安全生产管理人员要具备胜任PC构件安全生产工作的能力，并经有关主管部门的安全生产知识和管理能力考核合格，持有上岗证。

8.2 安全生产岗位职责

PC工厂实行安全生产责任制,各级管理层、各部门及作业人员应各司其职,各负其责。

8.2.1 厂长安全职责

厂长是PC工厂安全生产的主要责任人,对本单位的安全生产,依法负有下列职责:

1. 建立、健全工厂安全生产责任制,组织制定并督促工厂安全生产管理制度和安全操作规程的落实。

2. 依法设置工厂安全生产管理机构,确定符合条件的分管安全生产负责人和技术负责人,并配备安全生产管理员。

3. 定期研究布置工厂安全生产工作,接受上级对构件安全生产工作的监督。

4. 督促、检查工厂中PC生产线、钢筋生产线、拌合站的安全生产工作,及时消除生产安全事故隐患。

5. 组织开展与构件生产预制有关的一系列安全生产教育培训、安全文化建设和班组安全建设工作。

6. 依法开展工厂安全生产标准化建设、检查、整改、取证工作。

7. 组织实施防治电焊工尘肺病、电光性皮炎、电光性眼炎、锰中毒和金属烟热,预防噪声性耳聋等职业病防治工作,保障车间内从业人员的职业健康安全。

8. 组织制定并实施用电、用气、锅炉蒸汽、机械设备使用等安全事故应急救援预案。

9. 及时、如实报告事故,组织事故抢救。

8.2.2 安全长、车间安全管理人员职责

工厂安全长、车间安全管理人员按照分工抓好主管范围内的安全生产工作,对主管范围内的安全生产工作负领导责任。

1. 认真学习贯彻《安全生产法》、《建设工程安全生产管理条例》和《劳动合同法》及相关安全法规、标准和规章制度,熟悉PC生产线、钢筋加工生产线的生产安全操作规程等强制性条款,负责拟订相关安全规章制度、安全防护措施、应急预案等。

2. 掌握PC构件预制生产工艺中相关专业知识和安全生产技术,监督相关安全规章制度的实施,参与相关应急预案的制订和审核。

3. 组织PC工厂内构件生产、运输、储藏、钢筋加工,混凝土拌合运输、锅炉管理、蒸汽使用人员的安全教育培训、安全技术交底等工作。

根据生产进展情况,对PC生产线和钢筋加工生产设备,起重工具、运输机械、混凝土拌合设备、锅炉蒸汽管道的安全装置、车间内的作业环境等进行安全大检查。

4. 负责厂区内PC生产线、钢筋加工生产线、锅炉房、拌合站、堆场龙门吊、配电房等危险部位和危险源安全警示标志的设置,参与文明车间达标创建的实施管理。

5. 建立构件安全生产台账并管理各类安全文件、资料档案。

6. 保持工厂安全管理体系和安全信息系统的有效运行,制定工厂施工生产安全事故应急预案并组织演练。

8.2.3　班（组）长安全生产责任

PC 工厂内的 PC 构件生产预制、构件运输、钢筋加工、混凝土拌合班组长，承担各自工作范围内的安全生产职责。

1. 带领本班（组）作业人员认真落实上级的各项安全生产规章制度，严格执行安全生产规范和操作规程，遵守劳动纪律，制止"三违"（即：违章指挥、违章作业、违反操作规程）行为。

2. 服从车间和工厂管理层的领导和安全管理人员的监督检查，确保安全生产。

3. 认真坚持"三工"（即：工前交代、工中检查、工后讲评）制度，积极开展班（组）安全生产活动，做好班（组）安全活动记录和交接班记录。

4. 配备兼职安全员，组织在岗员工的安全教育和操作规程学习，做好新工人的岗位教育，检查班组人员正确使用个人劳动防护用品，不断提高个人自我保护能力。

5. 经常检查班组作业现场安全生产状况，维护安全防护设施，发现问题及时解决并上报有关车间主任和相关负责人。

6. 发生人身伤亡事故要立即组织抢救，保护好现场，并立即向上级报告事故情况。

7. 对因违章作业、盲目蛮干而造成的人身伤亡事故和经济损失负直接责任。

8.2.4　专（兼）职安全员安全生产责任

1. 专（兼）职安全员在班组长的领导下进行具体的安全管理工作。

2. 协助班组长落实安全生产规章制度与防护措施，并经常监督检查，抓好落实工作。

3. 及时发现和制止"三违"行为，纠正和消除人、机、物及环境方面存在的不安全因素。

4. 及时排除危及人员和设备的险情，突遇重大险情时有权停止施工，并及时向上级管理者报告。

5. 专（兼）职安全员必须持有有关部门颁发的安全员证，上岗时必须佩带标识。

6. 对因工作失职而造成的伤亡事故承担责任。

8.2.5　操作人员安全生产责任

1. 在班（组）长的领导下学习所从事工作的安全技术知识，不断提高安全操作技能。

2. 自觉遵守 PC 生产线、钢筋加工线、锅炉、拌合站、配电房的安全生产规章制度和操作规程，按规定佩戴劳动防护用品。在工作中做到"不伤害他人，不伤害自己，不被他人伤害"，同时有劝阻制止他人违章作业。

3. 从事特种作业的人员要参加专业培训，掌握本岗位操作技能，取得特种作业资格后持证上岗。

4. 对生产现场不具备安全生产条件的，操作人员有义务、有责任建议改进。对违章指挥、强令冒险行为，有权拒绝执行。对危害人身生命安全和身体健康的生产行为，有权越级检举和报告。

5. 参与识别和控制与工作岗位相关的危险源，严守操作规程，做好各项记录，交接班时必须交接安全生产情况。

6. 对因违章操作、盲目蛮干或不听指挥而造成他人人身伤害事故和经济损失的，承担直接责任。

7. 正确分析、判断和处理各种事故隐患，把事故消灭在萌芽状态。如发生事故，要正确处理，及时、如实报告，并保护现场，作好详细记录。

8.3 生产安全管理规定

为了加强 PC 工厂的安全生产工作，保障员工的人身安全，确保构件正常生产。依据国家和地方有关部门文件的规定，制订构件安全生产的相关规定。

1. 工厂各部门必须建立健全各自的安全生产的各项制度和操作规程。

2. 对工厂员工必须进行生产安全教育，并填写教育记录存档。车间员工上岗前，必须对员工进行安全操作培训，经考试合格后才可独立操作。

3. 工厂为从事预制生产作业的人员提供必要的安全条件和防护用品，并购买人身保险。

4. 操作人员有权拒绝执行管理人员的违章指挥和强令冒险作业的工作指令。

5. 生产人员必须严格遵守操作规程进行作业生产。

6. 设备安全防护装置必须始终处于正常工作状况，任何人不得拆除设备安全防护装置。设备安全防护装置不能正常工作时，不准开机运行。

7. 禁止在生产车间内、办公楼和宿舍楼内乱拉电线、乱接电器设备。非专业人员严禁从事排拉电线、安装和检修电器设备工作。发生用电故障时，必须由电工进行修理，并认真执行设备检修期间的停送电规定。

8. 严禁无证人员从事电、气焊接，锅炉，生产线压力容器以及厂内车辆的驾驶等工作。

9. 生产车辆严格按照划定的车辆行驶路线和指示标识，在厂区和车间内行驶和停放。不得超速和越界行驶，严禁酒后驾驶。

非生产车辆进入厂区后，严格按照厂区内划定的车辆行驶路线和指示标识行驶和停放。不得进入生产车间，不得超速和越界行驶。

10. 在工厂指定的地点吸烟。严禁在车间工作区域吸烟，特别是有易燃易爆品的区域。

8.4 安全培训

安全知识教育主要从 PC 工厂基本生产概况、生产预制工艺方法、危险区、危险源及各类不安全因素和有关安全生产防护的基本知识着手，进行安全技能教育。

结合工厂内和车间中各专业的特点，实施安全操作、规范操作技能培训，使受培训的人员能够熟悉掌握本工种安全操作技术。

在开展安全教育活动中，结合典型的事故案例进行教育。事故案例教育可以使员工从所从事的具体事故中吸取教训，预防类似事故的发生。

案例教育可以激发工厂员工自觉遵纪守法，杜绝各类违章指挥、违章作业的行为。

8.4.1　安全培训内容

1. 进工厂的新员工必须经过工厂、车间、班组的三级安全教育，考试合格后上岗。

2. 员工变换工种，必须进行新工种的安全技术培训教育后方可上岗。

3. 根据工人技术水平和所从事生产活动的危险程度、工作难易程度，确定安全教育的方式和时间。

4. 特殊工种必须经过当地安监局、技术监督局的安全教育培训，考试合格后持证上岗。

5. 每年至少安排二次安全轮训，目的是不断提高 PC 工厂安全管理人员的安全意识和技术素质。

6. PC 工厂具体安全培训内容

1）PC 构件生产线生产安全（模台运行、清扫机、画线机、振动台、赶平机、抹光机等设备安全）、钢筋加工线安全、拌合站生产安全、桥式门吊和龙门吊吊运安全、地面车辆运行安全、用电安全、构件养护和冬季取暖锅炉管道安全等。

其中 PC 构件生产线生产安全包含模台运行安全；清扫机、画线机、布料机、混凝土输送罐、振动台、赶平机、拉毛机、抹光机等设备的使用安全；码垛机的装卸安全；翻板机的负载工作安全；各类辅助件安全（扁担梁、接驳器、钢丝绳、吊带、构件支架等）。

堆场龙门吊安全管理中除了吊运安全以外，还要防止龙门吊溜跑事故。在每日下班前，一定实施龙门吊的手动制动锁定，并穿上铁鞋进行制动双保险后，方可离开。

2）PC 构件安全：就是要按照技术规范要求起运、堆放 PC 构件。要进行构件吊点位置和扁担梁的受力计算、构件强度达到要求后方可起吊。正确选择堆放构件时垫木的位置，多层构件叠放时不得超过规范要求的层数与件数等。

3）生产车间、办公楼与宿舍楼消防安全管理：主要是指用电安全、防火安全。依据《中华人民共和国消防法》、《建设工程质量管理条例》、《建设工程消防监督管理规定》（公安部第 106 号令）中的消防标准进行土建施工，合法合理地布置安装室外消防供水、室内消防供水系统、自动喷淋系统、消防报警控制系统、消防供电、应急照明及安全疏散指示标志灯、防排烟系统，满足公安机关消防验收机构的验收要求。

7. 厂区交通安全规定

1）允许进出厂区的机动车辆

（1）砂石料、水泥、钢筋等物资原材料的送货车辆。

（2）PC 构件提货、送货车辆。

（3）生产设备检修维修车辆。

（4）生活与生产垃圾清运车辆。

（5）消防、救护车辆。

（6）其他经工厂办公室批准可以进入厂区的车辆。

凡要进入厂区的机动车辆，必须有行驶证、车牌号。驾驶员必须随身携带驾驶证，经工厂办公室登记备案，签订安全协议并进行安全交底后方可准许进入厂区。

2）车辆的行驶

（1）进入工厂的送货、提货的运输车辆必须走物流门进出厂区，其他车辆走厂区大门进出。

（2）进入厂区的机动车辆凭《机动车辆入厂通行证》，在厂区内划定的路线内行驶，在规定的区域内停靠（图 8.4-1）。

（3）机动车辆靠右行驶，不争道、不抢行。厂区内行驶的机动车辆调头、转弯、通过交叉路口及大门口时应减速慢行，做到"一慢、二看、三通过"。

（4）让车与会车：载货运输车让小车和电车先行；大型车让小型车先行；空车让重车先行；消防、救护车等车辆进厂在执行任务时，其他车辆应迅速避让。

（5）工厂区内机动车的行驶速度：

机动车辆在厂区行驶速度不得超过 15km/h（图 8.4-2），冰雪雨水天气时行车速度不得超过 10km/h，进出厂区门、车间、砂石堆料仓、电子衡、构件堆场时的时速不得超过 5km/h。

图 8.4-1　厂区交通标线

图 8.4-2　限速标志

3）车辆的停放

（1）厂区的内机动车辆必须停在车库或划定的停车位内。

（2）路口转弯处、路中央、车间门口、生产区域、堆场内不准停车，消防设备和消防栓前 2m 内不准停车。不得占用消防通道。

4）车辆的承载

（1）厂区内行驶的机动车辆，严禁人货混载，严禁超载。

（2）厂区所有机动车辆必须进行定期检查和日常维护保养，并建立台账。

5）驾驶人员管理

厂区内的各种机动车辆驾驶员都必须持有驾驶证，无驾驶证者不得驾驶车辆。

（1）驾驶员要自觉遵守工厂交通规则和管理制度，按厂区交通标志行驶，服从工厂相关部门管理、监督和检查（图 8.4-3）。

（2）驾驶员应按照工厂规定参加安全学习，积极参加各种安全教育活动。

（3）不准驾驶机件失灵车辆和违章装载的车辆。

（4）驾驶中严禁吸烟、饮食、闲谈，不得私自将机动车交给其他人员驾驶。

（5）严禁酒后驾驶，驾驶员有权拒绝违章行车的指令。

8.4.2　安全培训形式

1. 安全教育、培训可以采取多种形式进行。如举办安全教育培训班，上安全课，举办安全知识讲座。既可以在车间内的实地讲解，也可走出去观摩学习其他安全生产模范单位的 PC 生产线的安全生产过程。

还可以请安全生产管理的专家、学者进行 PC 构件安全生产方面的授课，也可以请公安消防部门具体讲解消防安全的案例。

2. 在工厂内采取举办图片展、放映电视科教片、办黑板报、办墙报、张贴简报和通报、广播等各种形式，使安全教育活动更加形象生动，通俗易懂，使员工更容易理解和接受。

3. 采取闭卷书面考试、现场提问、现场操作等多种形式，对安全培训的效果进行考核。不及格者再次学习补考，合格者持证上岗。

8.5　安全生产检查

通过定期和不定期的安全检查，督促工厂各项安全规章制度的落实，及时发现并消除安全生产中存在的安全隐患，保障 PC 构件的安全生产。

为了加强安全生产管理，安全检查应覆盖 PC 工厂所有部门、生产车间、生产线。

8.5.1　日常安全检查

1. PC 生产线和钢筋生产线的每个作业工班，是否严格执行班中的巡回检查和交接班检查，是否进行生产设备和工器具的检查。

生产线中设备的高压气泵、液压油位是否正常；操控室和设备上的各种仪表显示是否正常；翻板机液压系统是否漏油；码垛机的钢丝绳是否顺直，有无扭结现象，钢丝绳的断丝根数是否超限；配电柜的使用是否规范等。

2. 拌合站拌制混凝土过程中，是否有作业班次之间的交接班记录；拌合前有无对拌合锅、配料机、输送带的安全检查；拌合后清理拌合锅时，是否有人现场安全值班，并关闭主电源和锁闭操控室；夜间拌制混凝土时，封闭料仓内的照明是否满足装载机安全行驶要求。混凝土输送料斗的放料门闭合是否严密等。

3. 如在日常安全检查中发现事故隐患，要及时下发整改通知单，督促被检查车间和班组及时整改，消除安全隐患，确保工厂的安全生产。

4. 车间内各班组在生产前要进行安全隐患自查。

8.5.2　安全检查内容

1. 日常安全检查主要是检查工厂内用电、设备仪表、生产线运行、起重机吊运构件、车间内与室外的构件运输、设备操作规程等情况。

其次，还有人员持证上岗情况、各种安全设施和设备是否完善、安全标志标识的悬挂位置和是否齐全、劳动纪律、防火器具的摆放位置与有效期限、个人防护用品（具）的保管和使用等（图 8.5-1）。

（a）　　　　　　　　　（b）　　　　　　　　　（c）

图 8.5-1　个人防护用品

（a）戴安全帽；（b）戴防护手套；（c）戴防护眼镜

2. 要根据季节特点，进行各有侧重的安全检查。例如春季多大风天气，要防火、防龙门吊溜跑脱轨。夏季酷热多雨，要防暑、防食物中毒、防汛、防雷击。秋季干燥多风，要防火、防静电、防龙门吊溜跑脱轨。冬季寒冷雨雪天气，要防蒸汽管道爆裂、防冻、防滑。

3. 专项安全检查：一般要进行安全用电、防火、防雷的安全检查。还要进行安全防护装置的安全检查。

4. 节假日的安全检查主要是对节日安全、保卫、消防、生产装置等进行安全检查。

要开展好工厂各项安全生产活动，抓好"安全月"、"安全周"等竞赛活动，使安全生产警钟长鸣，防患于未然。

5. 对在日常检查、季节检查、专项检查、节假日检查中发现的隐患，要立即开具《事故隐患整改通知书》，并在规定的整改期限内整改，并对整改情况进行复查。

危及安全生产的严重隐患，要立即停工整改。安全隐患整改不彻底的，不得恢复生产。

8.6　生产设备安全操作

8.6.1　PC生产线设备操作安全措施

PC生产线翻板、清扫、喷涂、振捣等工位的作业和操作人员，必须经过设备安全操作规程的严格培训，考核合格后上岗。

电工、电焊、起重等操控人员需要取得特种作业证，方可上岗。

PC生产线翻板、清扫、喷涂、振捣等设备作业前，应检查设备各部件功能是否正常，线路连接是否可靠。

在距离设备安全距离外设隔离带，工作区与参观通道隔离，非工作人员不得进入工作区。

机器作业时不允许移除、打开或者松动任何保险丝、三角带和螺栓。

PC生产线的各设备在每天工作结束后要及时关闭电源，并定期维护和保养设备。

1. 翻板机

翻板机工作前，检查翻板机的操作指示灯、夹紧机构、限位传感器等安全装置工作是否正常。侧翻前务必保证夹紧机构和顶紧油缸将模台固定可靠。

翻板机工作过程中，侧翻区域严禁站人，严禁超载运行。

2. 清扫机

第一次操作前调节好辊刷与模台的相对位置，后续不能轻易改动。

作业时，注意不得将辊刷降至与模台的抱死状态，否则会使电机烧坏。

清扫机工作过程中，禁止触摸任何运动装置，如辊刷、链轮等传动件；禁止拆开覆盖件，或在覆盖件打开时，禁止启动清理机。

清理模台时，任何人不得站立于被清理的模台上。除操作人员外，工作时禁止闲人进入清扫机作业范围。

工作结束后关闭电源，定期清理料斗中的灰尘。

3. 隔离剂喷涂机

隔离剂喷涂机工作过程中，检查喷涂是否均匀。不均匀需及时调整喷头高度、喷射压力。调试设置好之后不得再更改触摸屏上的参数。

注意定期回收油槽中隔离剂，避免污染周边环境。

定期添加隔离剂，添加隔离剂前先释放油箱压力。

4. 混凝土输送机

作业人员进入作业现场，须穿戴好劳动保护。运转中遇有异常情况时，按急停按钮，先停机检查，排除故障后方可继续使用。

混凝土输送机工作过程中，严禁用手或工具伸入旋转筒中扒料、出料。禁止料斗超载。

人员在高空对设备进行维修或其他作业时，必须停止高空其他设备工作，谨防被其他设备撞伤。每班工作结束后关闭电源，清洗筒体。

5. 布料机

在布料机工作时，禁止打开筛网。作业时，严禁用手或工具伸入料斗中扒料、出料。禁止料斗违规超载；每班工作结束后关闭电源，清洗料斗。

6. 振动台

模台振动时，禁止人站在模台上工作，与振动体保持距离。

禁止在模台停稳之前启动振动电机，禁止在振动启动时进行除振动量调节之外的其他动作。

振动台工作时，作业人员和附近工人要佩戴耳塞等防护用品。做好听力安全防护，防止振动噪声，造成听力损伤。

必须严格按规定的先后顺序进行振动台操作。

7. 模台横移车

模台横移车负载运行时，前后严禁站人。运行轨道上有混凝土或其他杂物时，禁止横移车运行。除操作人员外，工作时禁止他人进入横移车作业范围。

两台横移车不同步时，需停机调整，禁止两台横移车在不同步情况下运行。

必须严格按规定的先后顺序进行操作。

8. 振动赶平机

振动板在下降的过程中，任何人员不得再在振动板下部作业。振动赶平机在升降过程中，操作人员不得将手放入连杆和固定杆之间的夹角中，避免夹伤。作业时，注意不得将振动赶平机作业杆降至与模台抱死的状态。

除操作人员外，工作时禁止闲人进入振动赶平机作业范围。

9. 预养护窑

检查预养窑的汽路和水路是否正常，连接是否可靠。

预养窑开关门动作与模台行进的动作是否实现互锁保护。预养护时，禁止闲杂人员进入设备作业范围，特别是前后进出口的位置。

10. 抹光机

开机前，检查升降焊接体与电动葫芦连接是否可靠。

作业前，检查抹盘连接是否牢固，避免旋转时圆盘飞出。

抹光作业时，禁止闲杂人员进入设备作业范围。

11. 立体养护窑

检查立体养护窑的汽路和水路是否正常。养护窑开关门动作与模台行进的动作是否实现互锁保护。检修时，请做好照明及安全防护，防止跌落。通过爬梯进入养护窑顶部检修堆垛机时要做好安全保护措施。

养护作业时，禁止闲杂人员靠近养护窑。

12. 堆垛机

堆垛机工作时，地面围栏范围内严禁站人，防止被撞和被压而发生人身安全事故。

操作机器前务必确保操作指示灯、限位传感器等安全装置工作正常。重点检查钢丝绳有无断丝、扭结、变形等安全隐患。在堆垛机顶部检修时，需做好安全防护，防止跌落。

严禁超载运行。

13. 中央控制系统

检查中央控制系统各部件功能、网络是否正常，连接是否可靠。

模台流转时，禁止闲杂人员进入作业范围内。

14. 拉毛机

严格按操作流程规定的先后顺序进行操作。拉毛机作业时，严禁用手或工具接触拉刀。工作前，先行调试拉刀下降装置。根据 PC 构件的厚度不同，设置不同的下降量，保证拉刀与混凝土面的合理角度。

禁止闲杂人员进入作业范围内。

15. 成品转运车

启动前，检查成品转运车各部件功能是否正常，连接是否可靠。

成品转运车工作时，严禁将工具伸入转运车轮子下面，禁止闲杂人员进入转运车作业范围内。

16. 模台运行

流水线工作时，操作人员禁止站在感应防撞导向轮导向方向进行操作；模台上和两个模台中间严禁站人。模台运行前，要先检验自动安全防护切断系统和感应防撞装置是否正常。

17. 导向轮、驱动轮

在流水线工作时，操作人员禁止站在导向轮、驱动轮导向方向进行操作。

勿让导向轮承受非操作范围内的应力，单个导向轮承受到的重量不能超过其承载能力。

驱动模台前检查驱动轮减速箱内是否有润滑油，模台行走时不得有其他外力助推。

每班次收工后，需清扫干净驱动轮上的污物。

18. 车间构件转运车

作业时，严禁将手或工具伸入转运车轮子下面。构件转运车的轨道或行进道路上不得有障碍物。除操作人员外，禁止他人在工作时间进入转运车作业范围内。

注意装载构件后的车辆高度，不得超出车间进出门的限高。

运输时应遵循不超载、不超速行驶等安全输运的要求。

8.6.2 拌合站设备操作安全措施

1. 作业前的检查

1）搅拌站的操作人员能看到拌合站所属各部位的工作情况，仪表、指示信号准确可靠，电动搅拌机的操纵台应垫上橡胶或干燥木板。

2）检查传动机构、工作装置、制动器是否牢固可靠。大齿圈、皮带轮等部位，设防护罩。

3）骨料规格应与搅拌机的拌合性能相符，超出许可范围的不得作业。

4）应定期向大齿圈、跑道等转动磨损部位加注润滑油（脂）。

5）正式作业前，先进行空车运转，检查搅拌筒或搅拌叶的转动方向，待各工作装置的操作制动正常后，方可作业。

2. 作业中注意事项

1）进料时，严禁将头或手伸入料斗与机架之间察看或探摸进料情况。运转中不得将手或工具伸入搅拌筒内扒料或出料。

2）输送料斗运行时，严禁在其下方工作或穿行。

3）向搅拌筒内加料应在运转中进行。添加新料必须先将搅拌机内原有的混凝土全部卸出后进行。不得中途停机或在满载荷时启动搅拌机，反转出料者除外。

4）作业中，如发现故障不能继续运转时，应立即切断电源，将搅拌筒内的混凝土清除干净，然后进行检修。

3. 作业后注意事项

1）作业结束，应对搅拌机进行全面清洗。操作人员如需进入筒内清洗时，必须切断电源，设专人在外监护，或卸下熔断器并锁好电闸箱，然后方可进入作业（图8.6-1）。

2）搅拌机长期停放时，轮轴端部应做好清洁和防锈工作。

3）冬季作业后应将水泵和水管道内的存水放尽，防止设备冻裂。

（a）　　　　　　　　　　　　　　　　（b）

图 8.6-1　禁止标识、标志

（a）非电工，不允许操作电闸箱；（b）禁止合闸，有人工作

8.6.3　钢筋生产线操作安全措施

1. 钢筋生产线安全操作措施

1）钢筋生产线的操作人员必须由经过严格培训后上岗。

2）在使用设备之前必须确认地线已经根据电路图进行可靠连接。

3）按照钢筋生产加工要求，进行放线架的接气和接电。如果有两个或两个以上的放线架，必须把它们连接在一起。

4）设备处于自动工作的状态时，必须由一人现场监管。

5）当设备工作或与设备连接的部分工作时，不得用手触摸正在加工的钢筋和其他运动部件。

6）因盘条原料的尾部会产生飞溅，在生产期间，当盘条原料即将用完时要非常小心，要将工作速度降到最小值，确认放线架附近没有人。

7）严禁在设备工作时穿越生产线，更不得在机器附近跑动。

2. 钢筋生产线检修、维护安全措施

1）定期检查液压和气路系统全部管道和接口有无泄漏及损伤，如有应立即修复。维修之前，整个系统必须减压。

2）如果检查设备的内部，要进行长时间设备冷却后方可进行。在冷却之前，不要触摸电机和其相连接的部件，以免烫伤。

3）一旦设备功能受到损害，应马上中断工作，冷却设备后进行检修。

4）当进行设备维护、更换零件、维修、清洁、润滑或调整等操作时，都必须切断主电源。

3. 职业健康安全保护措施

1）在工作过程中使用护耳塞。

2）工作过程中，为防止被钢筋砸伤，工作人员要穿上钢制护趾安全鞋。

3）使用压缩空气时，佩戴专用保护眼镜。维修时绝不能将喷射口对准人，特别是脸部。

4）为防止飞溅及灼热的金属颗粒伤害眼睛和皮肤，操作者应穿戴合适的劳保防护用品。焊机操作者要戴好手套，穿好工作服，同时佩戴防护眼镜。

5）焊接时所产生的火花喷射及熔接后高温的母材会引发火灾发生。熔接后的高温母材，不得放在可燃物附近。焊接场所请配置灭火器，以备不时之需。

6）为防止衣物和头发被卷进机器，工作人员不准穿宽松衣服，女员工不得披散头发，应将头发束进工作帽内（图8.6-2）。不得穿戴手镯、耳环、项链等饰品。

7）钢筋网片、桁架筋焊接时的大电流会产生强磁场，可能会影响电子设备的功能。严禁带心脏起搏器的人员靠近钢筋生产线。

8）在焊接过程中，会有粉尘和空气污染，为避免工作场所空气混浊和污染，工作场地要通风或加抽风装置。

图8.6-2 安全警示标识

（a）宽松衣服易被卷入机器，造成人身伤害；（b）长头发易被卷入机器，造成人身伤害

8.6.4 锅炉设备操作、蒸汽管道安全措施

1. 锅炉开机

1）经常检查锅炉燃气压力是否正常，管道阀门有无泄漏，阀门开关是否到位。

2）试验燃气报警系统工作是否正常可靠。按下试验按钮，观察风机能否启动。

3）检查软化水系统是否正常，保证软水器处于工作状态，水箱水位正常。

4）检查锅炉、除污器阀门开关是否正常。

5）接通电控柜的电源总开关，检查各部位是否正常。发生故障时是否有信号，如果无信号应采取相应措施或检查修理，排除故障。

6）在升至一定压力时，应进行定期排污一次，并检查炉内水位。

2. 运行巡查

1）开启锅炉电源，监视锅炉是否正常点火运行。检查火焰状态，检查各部件运转的声响有无异常。

2）巡视锅炉升温状况，大小火转换控制状况是否正常。

3）巡视天然气压力是否正常稳定，天然气流量是否在正常范围内，判断过滤器是否堵塞。

4）巡视水泵压力是否正常，有无异响。

3. 事故停炉

1）当发现锅炉本体产生异常现象，安全控制装置失灵时，应立即按动紧急断开钮，停止锅炉运行。

2）锅炉给水泵损坏，调解装置失灵时，应按动紧急断开按钮，停止锅炉运行。

3）当电力燃料方面出现问题时应按动紧急断开按钮。

4）当有危害锅炉或者人身安全现象时均应采取紧急停炉措施。

5）临时停电时的安全措施：迅速关闭主蒸汽阀，防止锅筒失水。关闭电源总开关和天然气阀门，关闭锅炉连续排污阀门，关闭供气阀门。按正常停炉顺序，检查锅炉燃料、气、水阀门是否符合停炉要求。

4. 蒸汽管道安全措施

1）在蒸汽使用中，防止由于热膨胀引发超压，蒸汽冷凝导致真空，设备热应力造成设备破裂、损坏等常见的蒸汽安全事故。

2）蒸汽输送系统也容易受到类似水锤的伤害，称为蒸汽锤。蒸汽系统里的水平蒸汽管段的蒸汽冷凝水常会引起水锤。严禁突然关闭管路系统末端的阀门，防止引起水锤。

3）为防止高压蒸汽的高温烫伤、切削伤害，检查蒸汽管道时，用红外点温枪、挂上布条的木棍或用装有水的塑料瓶进行检查。

4）操作蒸汽阀门时，应按要求穿戴好个人防护用品，站在蒸汽阀门的侧面进行操作。作业前必须确保已经正确佩戴足够的个人防护用品。

8.6.5 起吊设备操作安全措施

1. 起吊前安全检查

1）上岗前，查看"交接班记录"，按规定进行检查。

2）检查设备控制器、制动器、限位器、传动部位、防护装置等是否良好可靠，并按规定加油。

2. 起吊安全措施

1）操作控制器手柄时，必须先从"0"位转到第一档，然后逐级增减速度。换向时，必须先转回"0"位。当接近卷扬限位器、大小车临近终端或与邻近行车相遇时，速度要缓慢，不准用倒车代替制动、限位代替停车、紧急开关代替普通开关。

2）重吨位物件起吊时，应先稍离地面进行试吊。确认吊挂平稳，制动良好后开车。不准同时操作三只控制手柄。如运行中发生突然停电，必须将开关手柄放置到"0"位。

工作停车时，不得将构件悬在空中停留，运行中发现地面有人或落下吊物时应鸣笛警告。严禁吊物从人头上越过，吊运物件离地面不得过高。

3）两台起重机运行时要保持安全车距，严禁撞车。

龙门吊遇有大雨、雷击或 6 级以上大风时，应立即停止工作，切断电源，拧下车轮制动，并在车轮前后用铁垫块（铁鞋）垫牢。

4）桁吊工必须做到"10 不吊"：①超过额定负荷不吊；②指挥信号不明、重量不明、光线暗淡不吊；③吊绳和附件捆绑不牢，不符合安全要求不吊；④桁车吊挂重物直接进行加工不吊；⑤歪拉斜挂不吊；⑥吊件上站人或工件上放有活动物品不吊；⑦氧气瓶、乙炔等爆炸性物件不吊；⑧带棱角，未垫好的物品不吊；⑨埋在地下的物件不吊；⑩未打固定卡子不吊。

3. 停工后事项

1）桁车应停在规定位置，升起吊钩，小车开到轨道两端，并将各控制手柄置于"0"位，切断电源。

2）按"清洁制度"保养维护设备。

3）按"交接班制度"交接工作，并填好"桁车运行记录表"。

8.6.6　电气焊设备操作安全措施

1. 工作前安全须知

1）电焊作业人员必须持有《中华人民共和国特种作业操作证》，方可作业。

2）电焊作业人员必须佩带符合国家或行业标准的劳动防护用品，方可焊割作业。

3）实施作业前，认真检查焊机和线路的安全技术状况，发现问题应立即整改，必须作好焊接前的所有工作后方可作业。

4）严禁在带电和带压力的容器上或管道上施焊，焊接带电的设备必须先切断电源。

5）二氧化碳预热器的外壳应绝缘，端电压不大于 36V。

6）雷雨时应停止露天焊接作业。

7）施焊场地周围应清除易燃易爆物品，或进行覆盖、隔离。

8）在易燃易爆气体或液体扩散区施焊时，必须经有关部门检验许可后，方可施焊。

9）不准酒后上班、疲劳上班，不打闹、嬉戏，不违章作业。

10）焊接贮存过易燃、易爆、有毒物品的容器或管道时，必须清洗干净原容器和管道，并将所有孔口打开后施焊。

2. 焊接时安全要点

1）电焊机外壳，必须接地良好，由电工进行电源的装拆。

2）电焊机要设单独的开关，开关应放在防雨的闸箱内，拉合时应戴手套侧向操作。

3）焊钳与把线必须绝缘良好，连接牢固。更换焊条应戴手套，在潮湿地点工作，应站在绝缘胶板或木板上。

4）在密闭金属容器内施焊时，容器必须可靠接地，通风良好，并应有人监护，严禁向容器内输入氧气。

5）焊接预热工件时，应有石棉布或挡板等隔热措施。

6）把线、地线禁止与钢丝绳接触，更不得用钢丝绳索或机电设备代替零线。所有地线接头，必须连接牢固。

7）更换场地移动把线时，应切断电源并不得手持把线，爬梯登高。

8）清除焊渣或采用电弧气刨清根时，应戴好防护眼镜或面罩，防止铁渣飞溅伤人。

9）多台焊机在一起集中施焊时，焊接平台或焊件必须接地，并应有隔光板。

10）工作结束应切断焊机电源，并检查工作地点，确认无起火危险后，方可离开。

9 信息化管理

装配式建筑 PC 构件生产信息化管理是将装配式建筑的设计、深化设计、钢筋加工、混凝土拌合、构件生产与运输等信息保存数据库中，供相关各方查询、使用。为生产厂家、运输企业施工安装单位、业主及主管部门的决策提供信息支持，使生产质量、安全管理、进度计划等目标可控，可大大提高管理效率。

装配式建筑 PC 构件的生产与运输的信息化管理需要将 BIM 技术、物联网技术、大数据和云技术综合起来。其中 BIM 技术是基础，物联网是纽带，大数据是核心，云技术是平台。

本节着重介绍 BIM 技术、物联网技术在 PC 构件生产运输中的应用。

9.1 BIM 技术应用

BIM 是未来建筑行业发展的大趋势，是必要的手段和重要工具。运用 BIM 技术可以实现项目从设计、生产、施工，到运营、维护等全过程的信息化管理，为业主提供更好的售后服务，提高建筑的生命质量。

9.1.1 企业级 BIM 标准

建立企业级 BIM 标准，是实现 BIM 技术全过程应用的基础。没有统一的 BIM 标准，就不可能实现 BIM 的可传递性、连续性、可协调性。

1. BIM 标准定义

BIM（建筑信息模型）是一种用来进行建筑信息表达，描述产生、获取、加工和贮存信息，传输信息逻辑关系的一种工具。人们在建立信息模型、输入和输出信息的时候，为保证信息的可传递性、可共享性、可变换性，就必须依照一定的规则、方式进行信息模型输入、输出、转换，而这种规则就是 BIM 标准。

2. BIM 标准目的

BIM 标准的建立与应用将从根本上解决规划、设计、施工、运营各阶段的信息断层，实现建筑信息在全寿命周期内的有效利用与管理，是谋求根本改变传统设计施工方式、消除"信息孤岛"、降低成本的重要手段。

没有 BIM 标准，BIM 的完整性、连续性、可协调性就无法实现。

3. BIM 标准分类及国内外的发展

1）BIM 标准分为三类：国家标准、行业标准、企业标准。其中企业标准就是根据国家、行业 BIM 标准制定的，用以规范、约束本企业内 BIM 应用行为的规范。

2）国外 BIM 标准建立

美国 2004 年编制了基于 IFC 的《国家 BIM 标准》。2006 年美国总承包商协会发布

《承包商 BIM 使用指南》。2009 年 8 月美国发布《BIM 项目实施计划指南》。

英国 2010 年发布了基于 Revit 平台的 BIM 实施标准《AEC（UK）BIM Standard for Autodesk Revit》，2011 年发布了基于 Bentley 平台的 BIM 实施标准《AEC（UK）BIM Standard for Bentley Building》。

韩国 2010 年 1 月发布《建筑领域 BIM 应用指南》。2010 年 12 月颁布了《韩国设施产业 BIM 应用基本指南书——建筑 BIM 指南》。日本制定了《Revit User GroupJapan Modeling Guideline》。新加坡在 2012 年发布了《Singapore BIM Guide》。

香港房屋署制订了建筑信息模拟的内部标准，包括有关的使用指南、组件库设计指南和参考资料，2009 年发布《Building Information Modelling（BIM）User Guide》。

3）国内 BIM 标准建立

2010 年，清华大学 BIM 课题组提出了中国建筑信息模型标准框架 CBIMS（China Building In formation Model Standards）。2009～2010 年，清华大学、欧特克公司（Autodesk）联合开展了《中国 BIM 标准框架研究》。

2013 年 8 月，北京市发布《民用建筑信息模型（BIM）设计基础标准》（征求意见稿）。

2014 年 11 月，中建股份编制的《建筑工程设计 BIM 应用指南》、《建筑工程施工 BIM 应用指南》（企业标准）正式出版。

2015 年 3 月 4 日，广东省发布《广东省建筑信息模型应用统一标准》的制定计划。

2014 年 11 月 21 日，国家标准《建筑信息模型应用统一标准》通过审查。2016 年 12 月 2 日住建部批准发布《建筑信息模型应用统一标准》GB/T 51212—2016，2017 年 7 月 1 日起实施。

4）国内 BIM 标准应用发展

北京柏慕进业研发了柏慕 1.0～2.0 标准化应用体系，实现了全专业施工图出图、国标清单工程量、建筑节能计算、设备冷热负荷计算、建立标准化族库和材质库、施工运维信息管理等应用。

广联达、鲁班通过研发、收购，形成了一系列 BIM 全过程应用软件，通过各自的接口，实现了 Revit 数据的导入，并对接算量软件。实现了与 MagiCAD、Tekla 的数据兼容。

4. 企业级 BIM 标准内容

制定完整的企业级 BIM 标准，从而使 BIM 模型满足多专业、多人员有条不紊地协同工作，并确保模型的精度满足项目应用要求。建立企业级 BIM 标准应包含且不局限于以下内容：

1）首先，建立 BIM 文档数据格式的标准，包括模型文件命名标准、文件存储标准等。

2）其次，建立 BIM 构件产品数据库标准。

确定构件命名原则，要综合考虑设计、生产、分配安装习惯，后期出图、算量及其他数据接口。以墙为例，如：实心砖墙—M10—粉煤灰实心砖—240 厚。

此外，还要有构件制作标准、产品构件入库标准、产品库管理标准。

3）构件的物资编码标准，要结合 BIM 文档数据格式标准，RFID 编码要考虑各阶段的信息添加。

4）BIM 模型搭建、细化标准

BIM 模型搭建要做到样板文件统一、命名规则统一、建模方式统一、出图标准统一、信息添加统一、算量标准统一。

5）BIM 模型出图标准内容有项目信息；项目单位，线宽、线样式设置；对象样式设置；视图样板设置、导出 CAD 图层设置等内容。

6）项目协同方式标准、信息添加、整理与分类标准、BIM 文档交付标准。

9.1.2 BIM 与深化设计

BIM 技术在深化设计的应用，详见中篇第三章第一节。

9.1.3 BIM 与 PC 构件生产

目前，国内的 PC 生产线通过 PMS、ERP 等系统管理软件，实现生产线的自动化生产，并且可以与 BIM 系统进行数据对接，实现高精度、高效率的自动化 PC 构件生产管理。

PMS 生产管理系统可实现全工位静态、动态模拟监视与控制，按节拍时间强制拉动式生产。

ERP 生产管理软件可实现销售管理、生产管理、构件成品管理、原材料管理、制造费用与制造成本管理、报表中心的数据传递。与 BIM 系统对接，自动读取 PC 构件设计数据。向下实现与预制件生产线控制系统 PMS、搅拌站工控系统的集成。依托智能匹配和工艺流程智能的设置，实现 PC 构件从合同签订到构件发货的全生命周期管理。

1. 运用 BIM 技术进行 PC 构件生产线、钢筋加工的自动化生产与管理

通过 BIM 系统与 PC 生产线实时数据共享，实现了 PC 构件的自动化生产。

画线机可根据 BIM 系统输入的 PC 构件加工图信息，准确画出构件尺寸，便于模板定位。布料机可根据 BIM 系统输入的信息，控制布料口的各个单元门的开启闭合，达到智能化、高精度的自动布料。

钢筋网片生产流水线可根据输入的 BIM 系统中构件钢筋的加工数据，实现自动钢筋下料和预留洞。桁架钢筋生产线也可以根据 BIM 系统中桁架筋的几何数据，实现自动焊接各种尺寸的桁架钢筋。

2. 将 BIM 技术和物联网技术相结合，实现实时监测和质量管控

在每一个 PC 构件预埋有一个无线射频卡片芯片（RFID），芯片存储有 PC 构件的设计信息、原材料信息、质检信息、试验信息、产品运输、产品安装、工序验收等信息。设计人员、生产人员、质检人员、库管人员、施工人员等管理者通过读取 RFID 上的信息，结合 BIM 平台，可以实时跟踪 PC 构件的状态和信息（图 9.1-1）。

其中 PC 构件生产人员能够实时了解构件的生产和库存情况，及时反馈到信息系统中，合理规划材料购置和预制生产，实现信息化管理。

3. 前景分析

PC 构件生产流水线的自动化智能管理是工业化生产发展的趋势，PMS 生产线管理系统、ERP 系统、物联网等将会更广泛地被应用于建筑工业化。BIM 技术作为不可缺少的辅助工具，也将被越来越多地应用到生产中去。

图 9.1-1 BIM 技术与物联网技术融合

9.2 物联网技术应用

美国麻省理工学院（MIT）最早在 1999 年提出物联网"Internet of things（IOT）"概念。

物联网指的是将各种信息传感设备，如射频识别装置（RFID）、红外感应器、全球定位系统（GPS）、激光扫描器等装置或系统，与互联网结合起来而形成的一个巨大网络系统。

目的是让所有的物品都通过网络连接在一起，系统可以自动地、实时地对物体进行识别、定位、追踪、监控并发出相应的工作指令。

9.2.1 物联网在构件生产、运输中的应用

在 PC 构件生产、运输中应用物联网系统就是以单个构件为基本管理单元，以无线射频芯片（RFID 及二维码）为跟踪手段，以工厂构件的生产和运输为中心；以工厂的原材料检验、生产过程检验、出入库、构件运输、监理验收为信息输入点；以单项工程为信息汇总单元的物联网系统（图 9.2-1）。

每个 PC 构件嵌入 RFID 芯片和粘贴二维码，就相当于给构件配上了唯一的"身份证"，可以通过读取该身份证所含的信息，了解清楚部品的来龙去脉，实现信息流与实物流的快速无缝对接。为预制构件生产、运输存放等环节的实施提供关键技术基础，保证各类信息跨阶段无损传递、高效使用，实现精细化管理，实现可追溯性（图 9.2-2）。

图 9.2-1　物联网管理界面

原材料入库　生产过程检验　部品入库检查　部品出库检查　装车运输单

材料进场验收

竣工总验收　检验批/分布验收　工序验收　装配过程纪录　进场材料监理审核

绑定

图 9.2-2　RFID 芯片预埋绑定

1. PC 构件生产

在构件生产时在同一类 PC 构件的同一固定位置置入 RFID 电子芯片（芯片编码必须唯一识别单一构件，且能从编码中直接读取构件各阶段信息）。构件编码信息要录入全面，应包括：原材料检测、模板安装检查、钢筋安装检查、混凝土配合比、混凝土浇筑、混凝土抗压报告、入库存放等信息录入系统，以便于在生产、存储、运输、施工吊装过程中对构件进行管理（图 9.2-3）。

RFID 标签的编码原则：

1）唯一性

所谓唯一性是指在某一具体建筑模型中，每一个实体与其标识代码一一对应，即一个实体只有一个代码。在整个建筑实体模型中，各个实体间的差异，靠不同的代码识别。唯一性是实体编码最重要的一条原则。

2）可扩展性

编码要考虑各方面的属性，并预留扩展区域。而针对不同的项目，或者是针对不同的名称，相应的属性编码之间是独立的，不会互相影响。

3）可读性和简单性

认证管理	工厂生产	运输安装	竣工验收
• 认证申请 • 认证申请审批 • RFID卡及设备申请 • RFID卡及设备发放	• 部品赋码 • 原材料入库检验 • 生产过程控制 • 部品入库检验 • 部品出库检验	• 运输装车记录 • 进场材料验收 • 装配过程记录 • 工序检验	• 检验批报告生成 • 分部检验 • 竣工综合检验

图 9.2-3　物联网应用中各阶段工作内容

使用有含义编码可以加深编码的可阅读性，易于完善和分类，同时有含义代码其代码本身及其位置能够表达实体特定的信息。

2. PC 构件运输

1）构件码放入库后，根据施工顺序，将某一阶段所需的 PC 构件提出、装车，这时需要用读写器一一扫描，记录下出库的构件及其装车信息。

运输车辆上装有 GPS，可以实时定位监控车辆所到达的位置。到达施工现场以后，扫码记录，根据施工顺序卸车码放入库。

2）运用 RFID 技术有助于实现精益建造中零库存、零缺陷的理想目标。根据现场的实际施工进度，迅速将信息反馈到构件生产工厂，调整构件的生产计划，减少待工待料的发生。

根据施工顺序编制构件生产运输计划。利用 BIM 和 RFID 相结合，能够准确地对构件的需求情况做出判断，减少因提前运输造成构件的现场闲置或信息滞后造成构件运输迟缓。同时，施工现场信息的及时反馈也可以对 PC 工厂的构件生产起指导作用，进而更好地促进精益建造的目标。

9.2.2　物料跟踪管理

在构件生产阶段为每一个预制构件加入 RFID 电子标签，将构件码放入库、出库，读写器一一扫描，记录下 PC 构件的各种信息。

由此过程可以看出，通过物流信息传输，施工方可以自动完成构件的清点，简化了接收与搬运的工作量；对于运输车辆的实时智能跟踪，能够实时掌握构件运输的情况，有助于降低运输过程中损坏、丢失，保证运输过程的安全性和及时性；同时，利用物联网技术，还可以在质量验收时及时记录反馈问题，快速定位，对不符合质量及参数要求的构件及时返厂。

9.3 实时监控系统应用

9.3.1 监控信息系统目的

1. 首先，安装监控系统就是要保障厂区和公共活动区域内工作人员的人身安全，保障生产设备及其他重要设施的财产安全，预防人为破坏活动。在意外事件发生后，第一时间取得事件发生的过程录像，为及时处理和追究责任提供有力证据。

2. 保证生产现场的安全规范操作，在上下班时可以对大门口员工的到位情况进行监控，随时考察员工的实际生产劳动纪律。

3. 通过实时的视频监控，观测物流车辆出入的具体细节，实时监控物流门口的物资交接情况。

4. 实时了解员工工作情况，及时了解各车间内的工作，流水线的生产情况，各主要生产环节的实时生产状况。

5. 视频监控系统可以在 PC 工厂日常生产过程中，起到辅助生产的作用，实现 PC 生产线的无人值守监控。

9.3.2 监控系统设计原则

遵循技术先进、功能齐全、性能稳定、节约成本的原则。并综合考虑施工、维护及操作因素，并将为今后的发展、扩建、改造等留有扩展提升的余地。监控系统设计内容要具有科学性、合理性、可操作性。

1. 先进性、适用性

系统的安装调试、软件编程和操作使用应简便易行、容易掌握、适合 PC 工厂的特点。该系统应体现当前计算机控制技术与计算机网络技术的最新发展水平，适应时代发展的要求。

2. 经济性、实用性

考虑 PC 工厂实际需要和信息技术发展趋势，根据现场环境，设计选用功能要适合现场情况、符合公司要求的系统配置方案。通过严密、有机地组合，实现最佳的性能价格比，以便节约工程投资，同时保证系统功能实施的需求，经济实用。

3. 可靠性、安全性

系统的设计应具有较高的可靠性，在系统故障或其他事故造成中断后，能确保数据的准确性、完整性和一致性，并具备迅速恢复的功能。

4. 追求最优化的系统设备配置，兼顾可扩充性、扩容性

在满足用户对功能、质量、性能、价格和服务等各方面要求的前提下，追求最优化的系统设备配置，以降低监控系统造价。

考虑到今后技术的发展和使用的需要，具有更新、扩充和升级的可能。并根据今后 PC 工厂的实际要求扩展系统功能。同时，在设计中留有冗余，以满足今后的发展要求。

PC 工厂监控设备在容量上保留一定的余地，以便在系统中改造增加新的监控点。考虑未来科学发展和新技术应用，监控系统中同时保留与其他自动化系统连接的接口。

9.3.3　监控系统方案

PC 工厂视频监控管理系统，按功能分为三大部分：视频监控、网络传输和监控中心。

1. 视频监控

摄像部分是电视监控系统的前沿部分，是整个系统的"眼睛"。

PC 工厂监控重点部位为大门口、物流门口、研发大楼、宿舍楼、试验室、地磅房、拌合站、生产车间、锅炉房等处。

在这些位置安装百万像素高清摄像机、红外夜视球机、彩色半球摄像机等视频设备。摄像机具有双码流功能可以本地高清存储和显示，低码流上传到总监控中心。在本地配置客户端电脑，进行视频图像存储和视频浏览。

工厂主要管理者也可以安装智能手机客户端，在手机上进行实时查看。

2. 网络传输

监控系统视频信号在内部要通过局域网进行传输，监控中心录像机通过专线（每路视频带宽至少为 2M）网络上传。此系统全部通过网络传输，抗干扰性强，无损失。

3. 监控中心

监控中心是整个监控系统的"心脏"，所有视频流和相应的指令都由此处理。

监控中心由 CSV 平台目录管理服务器、专用存储设备、电视墙、客户端主机、解码矩阵主机、矩阵控制中心主机及网络交换设备等组成。

此方案设计采用数字网络硬盘录像机和显示器来完成所有摄像机信号的显示，并通过硬盘进行录像，根据对录像资料保存时间的需求配备相应容量的硬盘。同时，它还支持视频的网络远传，方便工厂管理者通过网络随时随地访问本地的网络硬盘。

9.3.4　监控系统分布

监控系统的摄像机分别设计在工厂进出口、工厂内部的主要公用设施场所、工厂内人群密度较大的流动区域和集散地、工厂车间内等位置，实现对 PC 工厂厂区门口、车间厂房、办公研发楼、物资仓库、厂内主要通道、周界围墙等目标进行实时全天候视频监控（图 9.3-1）。

在工厂的出入口和周界区域安装摄像机，用于监视进出厂区的人员情况，可以有效地杜绝安全隐患的发生。

在办公楼、宿舍楼的出入口和楼道等安装摄像机，用于监视工厂员工的工作生活情况。

在工厂的生产、加工车间等安装摄像机，用于监视车间的生产加工环节和考察员工的实际生产情况和劳动纪律。

1. 工厂监控系统拓扑图（图 9.3-1）

图 9.3-1　PC 工厂监控系统拓扑图

2.PC 工厂监控系统信息点统计（表 9.3-1)

监控系统信息点表　　　　　　　　　　　　　　　　　表 9.3-1

序号	监控部位	具体布设	视频设备
1	大门口	门口	高清红外夜视球机
		传达室	彩色半球摄像机
2	物流门口	门口	高清红外夜视球机
		传达室	彩色半球摄像机
3	研发大楼	楼前停车场	高清红外夜视球机
		进出门大厅	彩色半球摄像机
		每层楼道内	彩色半球摄像机
		大楼周边	红外高清夜视摄像机
4	宿舍楼	楼前停车场	高清红外夜视球机
		进出门口	彩色半球摄像机
		每层楼道内	彩色半球摄像机
		大楼周边	红外高清夜视摄像机
5	试验室	办公室、各功能室	彩色半球摄像机
		门前道路	高清红外夜视球机

续表

序号	监控部位	具体布设	视频设备
6	地磅房	室外	高清红外夜视球机
		操控室	彩色半球摄像机
		磅秤周边	彩色高清晰度摄像机
7	锅炉房	室外	高清红外夜视球机
		值班室	彩色半球摄像机
		设备间	彩色高清晰度摄像机
8	拌合站	室外	高清红外夜视球机
		操控室	彩色半球摄像机
		砂石料封闭仓内	高清红外夜视球机
		配料机、拌合进料口、输送带等	彩色高清晰度摄像机
9	生产车间	车间进出口	高清红外夜视球机
		PC 生产线各工位	彩色高清晰度摄像机
		PC 生产线操控室	彩色半球摄像机
		钢筋生产线	彩色高清晰度摄像机
10	厂区周界	沿围墙布设安装	彩色高清晰度摄像机

10 工厂管理措施

10.1 工厂管理制度

10.1.1 厂区人员出入管理制度

1. 员工出入厂区必须凭工作证或上岗证通行，违者门卫有权禁止出入。

2. 员工出入厂区需着装整齐，不得赤膊或穿拖鞋进入厂区。出入证必须戴在左胸口处，保安有权对员工不规范的佩戴行为进行纠正。

3. 国家机关工作人员：警务人员、消防人员、急救人员、抢险人员进入工厂，门卫简要问询后放行，并根据需要引领路线，同时应报告上级部门听取指示。其他国家机关工作人员来访或执行公务时，门卫凭其出示的有效证件登记与被访者联系后即可入厂。

4. 外来人员（如临时施工、送货、客户等）进入厂区，事先凭身份证或其他有效证件先进行登记，注明来访单位、来访人员姓名、电话、来访时间、被访人、事由，并征得被访者同意后，发给厂区临时通行证后方可进入工厂。离开现场时要及时交还临时通行证。

10.1.2 厂区车辆出入管理制度

1. 本厂车辆及长期在厂区停放通行的个人车辆，需持有办公室发放的车辆通行证。

2. 外来临时车辆进入厂区，司机需将车辆行驶证或其他有效证件登记后（登记内容包括车辆所属单位或个人、车辆型号、随车人数、车牌号、随车物品），由公司门卫工作人员发放厂区车辆临时通行证通行，并暂且留存车辆行驶证或其他有效证件，待出厂时归还。

3. 外来临时车辆离开厂区时需无条件配合公司门卫工作人员的检查与管理，车上装有外运物品的，需提供工厂相关部门签章、批准的放行单。

4. 拉废旧物资的车辆，装车时物资部需派相关人员监督检查。出门时需提供工厂主管领导、物资部签章、批准的废旧物资放行单、过磅单，经门卫检查无误后才允许离开。

5. 工厂员工、其他单位及个人摩托车或电动车需检查后备箱才允许离开。

6. 工厂内车辆及外来车辆必须按照厂区内的交通指示要求进行行驶。不得违反行驶路线的要求，超速、逆行行驶。

10.1.3 原材料车辆进厂管理

1. 原材料运输车辆进厂后，必须在物资部仓库保管人员指定的卸货地点卸货，不得私自卸货。

2. 原材料运输司机，必须严格遵守工厂有关安全规章制度及过磅制度。

3. 原材料车辆进场后，司机应谨慎驾驶，减速慢行，不得超车、超速行驶。

4. 出入车辆必须有保卫人员认真检查车辆所载货物，若发现工厂相关物资私藏车内，可视为偷窃行为，根据工厂规章制度和论质评价给予罚款处罚。

10.1.4　成品半成品出厂管理制度

1. 营销部现场跟单人员与客户沟通确认所需产品楼号及数量，确认后开具《出货通知单》，注明订单号、客户名称、产品名称、规格、发货时间及数量等，报财务部确认。

2. 营销人员负责每月与客户核对供货数量，对出货事项进行审核。并将核对数量报财务备案，并根据供货合同中的付款节点与客户沟通进行付款。

3. 营销部跟单人员将经厂长审批后的《出货通知单》提交到发货负责人。

4. 发货人员同营销部跟单人员清点、核实待出货成品的规格型号、批次、数量，确认无误后，填写《成品出货单》，并要求营销部跟单人员在"成品出货单"上签名确认。

5. 装车完毕后，仓库主管在即时开具《物品放行条》上签字后交运输车司机，司机将《物品放行条》交物流部门保安登记后放行。

6. 成品出货后，仓管员按《成品出货单》的明细与实际出货量的数据、信息，录入《成品出入库明细》。

10.2　车间管理制度

10.2.1　人员管理

1. 车间全体人员必须遵守上下班作息时间，按时上下班。

2. 工作人员进出车间必须逐人登记扫描。

3. 车间员工必须服从由上级指派的工作安排，尽职尽责做好本职工作，不得无故疏忽或拒绝管理人员命令或工作安排。

4. 全体车间人员在工作时间内必须按公司要求统一着装，佩戴安全帽等防护用品。

5. 对恶意破坏公司财产或有盗窃行为的员工，一经发现，一律交工厂办公室进行处理。

6. 车间人员如因特殊情况需要请假，应按工厂的请假程序申请，批准方可离开。

10.2.2　作业管理

1. 车间严格按下达的生产计划安排预制生产，根据车间设备、人员、物资准备情况组织生产。

2. 确认 PC 生产线生产节拍以后，任何人不得无故更改。

3. 车间工作人员每日上岗前，应清点检查车间内各类工器具的完整和物料准备情况，如有缺失，应立即报告车间负责人，并登记。

4. 车间工作人员每日生产完成后，要清理好自己的工作台面和工作区域，做好设备清理保养工作。归纳各类工具,将工具摆放至规定工具架上或工具箱内(图10.2-1)。如有多余的物料应及时交由物料员退回仓库,并登记。

(a)   (b)

图 10.2-1　车间工器具摆放

(a)工器具摆放架;(b)工具摆放箱

最后清理打扫车间内的环境卫生,保持工作环境的清洁。离开车间前关闭门窗和断电。

车间管理和技术人员应每周对车间内的工具、设备、夹具等工器具的维护保养工作进行检查,并根据每周的检查结果进行公开的奖罚通报。

5. 车间内每班次作业完毕后,应对PC生产线、钢筋加工生产线的废料进行清理。

混凝土运输罐、布料机等设备内的残留混凝土,清理干净后用水冲洗。钢筋生产线的废料要收集清运至指定位置。

6. 车间工作人员应严格按工艺规程及产品质量标准进行生产,不得擅自更改生产工艺。

参考文献

［1］中华人民共和国住房和城乡建设部. 混凝土结构工程施工质量验收规范 GB 50204—2015 ［S］. 北京：中国建筑工业出版社，2015.

［2］中华人民共和国住房和城乡建设部. 装配式混凝土结构技术规程 JGJ 1—2014 ［S］. 北京：中国建筑工业出版社，2014.

［3］中华人民共和国住房和城乡建设部. 钢筋机械连接技术规程 JGJ 107—2016 ［S］. 北京：中国建筑工业出版社，2016.

［4］中华人民共和国住房和城乡建设部. 建筑施工扣件式钢管脚手架安全技术规范 JGJ 130—2011 ［S］. 北京：中国建筑工业出版社，2011.

［5］中华人民共和国住房和城乡建设部. 建筑施工临时支撑结构技术规范 JGJ 300—2013 ［S］. 北京：中国建筑工业出版社，2014.

［6］中华人民共和国住房和城乡建设部. 建筑施工安全检查标准 JGJ 59—2011 ［S］. 北京：中国建筑工业出版社，2011.

［7］中华人民共和国住房和城乡建设部. 建筑施工模板安全技术规范 JGJ 162—2008 ［S］. 北京：中国建筑工业出版社，2008.

［8］中华人民共和国住房和城乡建设部，中华人民共和国国家质量监督检验检疫总局. 建筑结构荷载规范 GB 50009—2012 ［S］. 北京：中国建筑工业出版社，2012.

［9］中华人民共和国住房和城乡建设部. 建筑施工塔式起重机安装、使用、拆卸安全技术规程 JGJ 196—2010 ［S］. 北京：中国建筑工业出版社，2010.

［10］中华人民共和国住房和城乡建设部. 普通混凝土配合比设计规程 JGJ 55—2011 ［S］. 北京：中国建筑工业出版社，2011.

［11］中华人民共和国住房和城乡建设部. 钢筋套筒灌浆连接应用技术规程 JGJ 355—2015 ［S］. 北京：中国建筑工业出版社，2015.

［12］中华人民共和国住房和城乡建设部. 钢筋连接用灌浆套筒 JG/T 398—2012 ［S］. 北京：中国标准出版社，2012.

［13］中华人民共和国住房和城乡建设部. 钢筋连接用套筒灌浆料 JG/T 408—2013 ［S］. 北京：中国标准出版社，2013.

［14］中华人民共和国住房和城乡建设部. 混凝土结构设计规范（2015 年版）GB 50010—2010 ［S］. 北京：中国建筑工业出版社，2011.

［15］中华人民共和国住房和城乡建设部. 钢筋焊接网混凝土结构技术规程 JGJ 114—2014 ［S］. 北京：中国建筑工业出版社，2014.

［16］中华人民共和国住房和城乡建设部. 钢筋焊接及验收规程 JGJ 18—2012 ［S］. 北京：中国建筑工业出版社，2012.

［17］中华人民共和国住房和城乡建设部. 预制带肋底板混凝土叠合楼板技术规程 JGJ/T 258—2011 ［S］. 北京：中国建筑工业出版社，2012.

［18］中华人民共和国住房和城乡建设部. 建筑施工高处作业安全技术规范 JGJ 80—2016 ［S］. 北京：中国建筑工业出版社，1992.

［19］中华人民共和国建设部. 施工现场临时用电安全技术规范（附条文说明）JGJ 46—2005 ［S］. 北京：中国建筑工业出版社，2005.

［20］中华人民共和国建设部. 普通混凝土用砂、石质量及检验方法标准（附条文说明）JGJ 52—2006 ［S］. 北京：中国建材工业出版社，2007.

［21］中华人民共和国建设部. 混凝土用水标准 JGJ 63—2006 ［S］. 北京：中国建筑工业出版社，2006.

［22］中华人民共和国住房和城乡建设部，中华人民共和国国家质量监督检验检疫总局. 混凝土结构工程施工规范 GB 50666—2011 ［S］. 北京：中国建筑工业出版社，2012.

［23］中华人民共和国住房和城乡建设部，中华人民共和国国家质量监督检验检疫总局. 建设工程施工现场消防安全技术规范 GB 50720—2011 ［S］. 北京：中国计划出版社，2011.

［24］中华人民共和国国家质量监督检验检疫总局，中国国家标准化管理委员会. 通用硅酸盐水泥 GB 175—2007 ［S］. 北京：中国标准出版社，2008.

［25］中华人民共和国国家质量监督检验检疫总局，中国国家标准化管理委员会. 混凝土外加剂 GB 8076—2008 ［S］. 北京：中国标准出版社，2009.

［26］中华人民共和国国家质量监督检验检疫总局，中国国家标准化管理委员会. 用于水泥和混凝土中的粉煤灰 GB/T 1596—2005 ［S］. 北京：中国标准出版社，2005.

［27］中华人民共和国国家质量监督检验检疫总局，中国国家标准化管理委员会. 钢筋混凝土用钢　第2部分：热轧带肋钢筋 GB 1499.2—2007 ［S］. 北京：中国标准出版社，2008.

［28］中华人民共和国国家质量监督检验检疫总局，中国国家标准化管理委员会. 预应力混凝土用钢绞线 GB/T 5224—2014 ［S］. 北京：中国标准出版社，2015.

［29］中华人民共和国住房和城乡建设部. 预制混凝土剪力墙外墙板 15G365-1 ［S］. 北京：中国计划出版社，2015.

［30］中华人民共和国住房和城乡建设部. 装配式混凝土结构连接节点构造（2015 年合订本）G310-1～2 ［S］. 北京：中国计划出版社，2015.

［31］国家技术监督局和中华人民共和国建设部. 机械设备安装工程施工及验收通用规范 GB 50231—2009 ［S］. 北京：中国计划出版社，2009.

［32］中华人民共和国国家质量监督检验检疫总局，中国国家标准化管理委员会. 国家电气设备安全技术规范 GB 19517—2009 ［S］. 北京：中国标准出版社，2010.

［33］中华人民共和国建设部. 电气装置安装工程电缆线路施工及验收规范 GB 50168—2006 ［S］. 北京：中国计划出版社，2006.

［34］中华人民共和国住房和城乡建设部. 通用用电设备配电设计规范 GB 50055—2011 ［S］. 北京：中国计划出版社，2012.

［35］中华人民共和国住房和城乡建设部. 工业企业噪声控制设计规范 GB/T 50087—2013 ［S］. 北京：中国建筑工业出版社，2014.

［36］山东省住房和城乡建设厅，山东省质量技术监督局. 装配整体式混凝土结构工程预制构件制作与验收规程 DB37/T 5020—2014 ［S］. 北京：中国建筑工业出版社，2014.

［37］吴成材，杨熊川，徐有邻，李大宁，李本瑞，刘子金，吴文飞，戴军等. 钢筋连接技术手册（第三版）［M］. 北京：中国建筑工业出版社，2013.

［38］江正荣，朱国梁. 简明施工计算手册（第三版）［M］. 北京：中国建筑工业出版社，2005.

［39］建筑施工手册（第五版）［M］. 北京：中国建筑工业出版社，2012.

［40］钱冠龙. 预制构件钢筋连接用灌浆套筒、灌浆材料及应用 ［J］. 北京思达建茂科技发展有限公司，2014.

［41］鲍威. 墙板生产工艺装备——“成组立模”介绍（一）～（四）［J］. 墙材革新与建筑节能. 2010 年 9 期.

［42］济南市城乡建设委员会建筑产业化领导小组办公室. 装配整体式混凝土结构工程施工 ［M］. 北京：中国建筑工业出版社，2015.

[43] 济南市城乡建设委员会建筑产业化领导小组办公室. 装配整体式混凝土结构工程工人操作实务[M]. 北京：中国建筑工业出版社，2016.

[44] 中华人民共和国住房和城乡建设部，中华人民共和国国家质量监督检验检疫总局.《装配式混凝土结构建筑技术规范》（征求意见稿）.